SQL Server 数据库原理及应用

主　编　张　伟　卢　鸣
主　审　王健光
副主编　史志英

东南大学出版社

·南京·

内容简介

全书以综合应用实例为主线围绕 7 个项目,将课程的知识要点分解到各个项目中。教材以项目为依托,项目实施从独立分项的技术实践向综合性的项目实践跃进,在教学中突出体现培养学生的岗位职业能力和综合素质能力。项目教学除了对学生进行专业技能训练外,还锻炼学生的组织能力、沟通能力、协作能力,以及了解认识项目设计过程与管理运行中需要的综合素质,从而深化了教学的综合效应,较好地实现教学与未来工作岗位的对接。

图书在版编目(CIP)数据

SQL Server 数据库原理及应用 / 张伟,卢鸣主编.
—南京:东南大学出版社,2014.8
ISBN 978-7-5641-5122-5

Ⅰ.①S… Ⅱ.①张…②卢… Ⅲ.①关系数据库系统
Ⅳ.①TP311.138

中国版本图书馆 CIP 数据核字(2014)第 181697 号

SQL Server 数据库原理及应用

出版发行:东南大学出版社
社　　址:南京市四牌楼 2 号　邮编:210096
出 版 人:江建中
责任编辑:史建农
网　　址:http://www.seupress.com
电子邮箱:press@seupress.com
经　　销:全国各地新华书店
印　　刷:常州市武进第三印刷有限公司
开　　本:787mm×1092mm　1/16
印　　张:13.25
字　　数:322 千字
版　　次:2014 年 8 月第 1 版
印　　次:2014 年 8 月第 1 次印刷
书　　号:ISBN 978-7-5641-5122-5
印　　数:1—3 000 册
定　　价:32.00 元

序　言

　　改革开放三十多年来,职业教育改革和发展已经成为中国特色社会主义教育事业的一个重要组成部分。职业教育经济价值和社会功能的彰显使得其本身的矛盾益发突出,其中,高职类专用教材量的扩张和质的不足尤其尖锐。教学实践中,我们就发现,当前使用的传统教材大多是通用教材,缺乏高职特色,主要表现在:教材内容陈旧滞后,脱离时代特色;教材与岗位职业能力要求偏差较大,重理论轻实践;与之配套的教学方法也较为落伍,不能契合当前高职高专院校最新的教学需求等,专供高职高专院校使用、以企业生产实践为基础、基于实际开发任务驱动的 SQL Server 数据库项目式教材就甚为匮乏。

　　有鉴于此,在本教材的编写过程中,编者能有针对性地紧扣社会发展最新脉搏,创新教材组织形式和内容,以提升高职高专学生职业技能核心竞争力,培养契合经济发展需求技能型高级人才作为教材编写的指导目标。同时,编者还聘请当前计算机数据库应用领域相关职教专家和企业一线专业开发人员全程参与指导,依照与企业、行业专家组共同开发的相关专业职业技能标准和相关工作岗位需求标准,打破单纯以知识体系为线索的传统编写模式,按照"任务驱动"、"项目导向"、"岗位要求"的课程开发思路,以具体软件系统开发工作为中心组织课程内容,让学生在完成具体项目的过程中学习掌握契合行业需求的工作任务和专业技能,从而构建学生更加科学合理的相关理论知识素养,提升更加符合社会发展要求的个人职业素质。

　　因此,本教材更突出和侧重 SQL Server 数据库实用价值的框架建构,通过实际数据库应用开发项目层层推进,使学生在学习解决问题的过程中,学会数据库的应用技术、原理和工具的使用;使学生在知识、技能形成的过程中充分感知、体验,获取过程性知识和经验,实现课程教学与岗位要求的无缝对接。通过本课程的学习,培养学生使用 SQL Server 进行数据库设计和开发的能力,培养学生掌握资料收集整理、制订和实施工作计划、理解程序代码和编写程序代码的能力;掌握条理清晰、严谨思维、积极主动的学习能力、工作能力和创新思维能力,养成良好的职业道德,为学生顶岗实习、就业打下坚实的基础。

　　本书由张伟、卢鸣担任主编,史志英任副主编,王健光任主审。各章主要执笔人员分别为项目一、三、四由张伟编写,项目二、五由史志英编写,项目六、七和附录由卢鸣编写。

由于编者水平有限,书中难免有不当和疏漏之处,恳请读者在使用过程中批评指正。读者对本书有任何意见或建议,可以联系本书的主编,邮箱为szywbx@163.com。

编　者

2014 年 6 月

目　录

项目一
配置系统开发环境

学习目标 >>>>

了解 SQL Server 2008 数据库软件；

掌握 SQL Server 2008 的安装以及配置方法；

掌握 SQL Server 2008 的安全升级方法。

1.1 任务描述

（1）安装标准版 SQL Server 2008。

（2）配置与启动 SQL Server 2008。

（3）升级 SQL Server 2008。

1.2 解决方案

1.2.1 安装 SQL Server 2008

在安装 SQL Server 2008 之前，我们需要了解数据库对计算机环境的具体要求。到目前为止，32 位操作系统依然是当前的主流操作系统，表 1-1 描述了 SQL Server 2008 Enterprise(32 位)对系统的要求。

表 1-1 SQL Server 2008 Enterprise(32 位)的软硬件要求

项　目	要 求 说 明
CPU	处理器类型： 　　Pentium Ⅲ兼容处理器或速度更快的处理器 处理器速度： 　　最低：1.0 GHz 　　建议：2.0 GHz 或更快
内存	最小：512 MB 建议：2 GB 或更大

续表 1-1

项 目	要 求 说 明
硬盘	根据组件的不同,需要硬盘空间进行变化 笔者建议 2.2 GB 以上硬盘空间
显示器	分辨率 1 024×768 像素以上
操作系统	Windows Server 2003 Service Pack 2 Windows Server 2008 Windows Server 2008 R2 可以安装到 64 位服务器的 Windows on Windows (WOW64)32 位子系统中
需要的框架	.NET Framework 3.5 SP1 SQL Server Native Client SQL Server 安装程序支持文件
需要的软件	Microsoft Windows Installer 4.5 或更高版本 Microsoft Internet Explorer 6 SP1 或更高版本
网络协议	Shared memory(客户端连接本机 SQL Server 实例时使用) Named Pipes TCP/IP VIA

以上仅仅是 SQL Server 2008 Enterprise(32 位)对计算机系统要求的简单介绍,而 SQL Server 2008 Enterprise(64 位)版本除了要求操作系统是 64 位系统外,其他部分改动不大。相信当前主流计算机都能够轻松运行 SQL Server 2008。

1.2.2 安装 SQL Server 2008

我们将讲解 Microsoft SQL Server 2008 在 Windows 7 操作系统上的安装过程。Microsoft SQL Server 2008 与 Windows 7 操作系统存在一定的兼容性问题,在完成安装之后需要为 Microsoft SQL Server 2008 安装 SP1 补丁。

SQL Server 2008 安装程序将在计算机上安装所需组件.NET Framework 2.0、.NET Framework 2.0 语言包、Microsoft SQL Native Client 和 Microsoft SQL Server 2008 安装程序支持文件。

【安装步骤】

在 Windows 7 操作系统中启动 Microsoft SQL 2008 安装程序后,系统兼容性助手将提示软件存在兼容性问题,在安装完成之后必须安装 SP1 补丁才能运行,如图 1-1 所示。这里选择"运行程序"开始 SQL Server 2008 的安装。

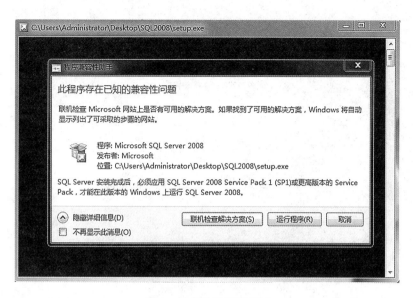

图 1-1　兼容性问题提示

进入 SQL Server 安装中心后跳过"计划"内容，直接选择界面左侧列表中的"安装"，如图 1-2 所示，进入安装列表选择。

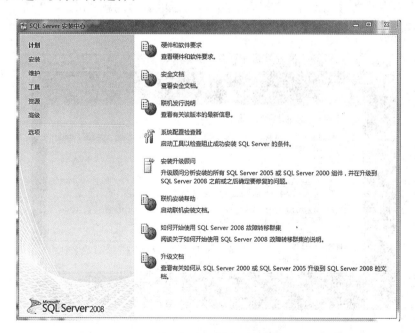

图 1-2　SQL Server 安装中心—计划

如图 1-3 所示，进入 SQL Server 安装中心—安装界面后，右侧的列表显示了不同的安装选项。本文以全新安装为例说明整个安装过程，因此这里选择第一个安装选项"全新 SQL Server 独立安装或向现有安装添加功能"。

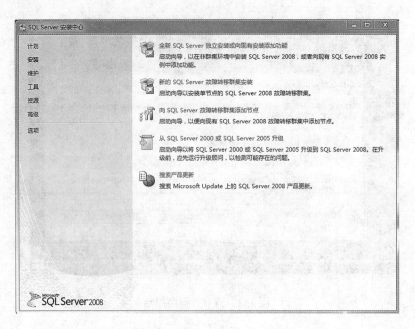

图 1-3　SQL Server 安装中心—安装

选择全新安装之后，系统程序兼容助手再次提示兼容性问题，如图 1-4 所示。选择"运行程序"继续安装。

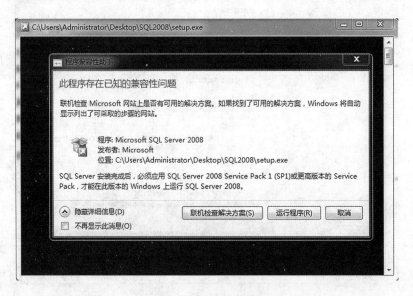

图 1-4　兼容性问题提示

之后进入"安装程序支持规则"安装界面，安装程序将自动检测安装环境基本支持情况，需要保证通过所有条件后才能进行下面的安装，如图 1-5 所示。当完成所有检测后，点击"确定"进行下面的安装。

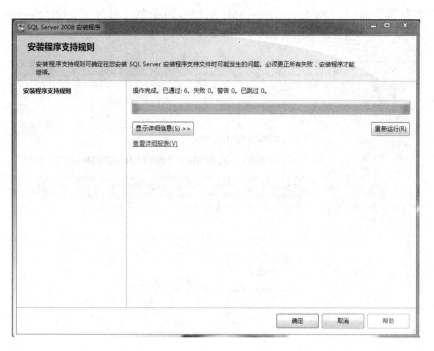

图 1-5　安装程序支持规则

接下来是 SQL Server 2008 版本选择和密钥填写，本文以"Enterprise Evaluation"为例介绍安装过程，如图 1-6 所示。

我们选择具有高级服务的 SQL Server 2008 Express，在指定可用版本处可以选择。

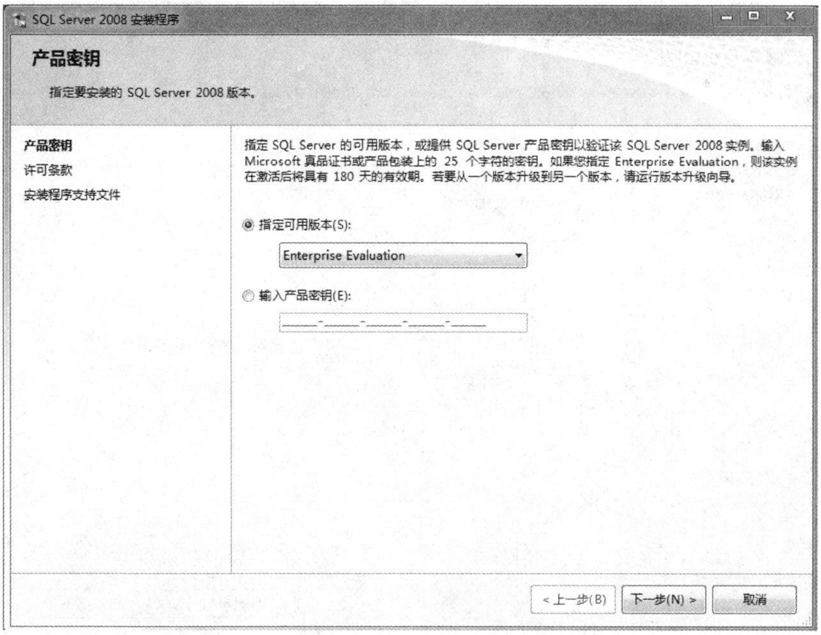

图 1-6　产品密钥

在许可条款界面中,需要接受 Microsoft 软件许可条款才能安装 SQL Server 2008,如图 1-7 所示。

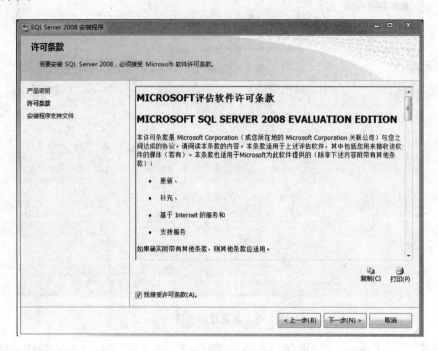

图 1-7 许可条款

接下来将进行安装支持检测,如图 1-8 所示,点击"安装"继续安装。

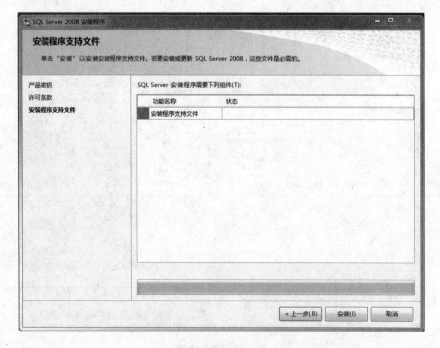

图 1-8 安装程序支持文件

如图1-9所示,当所有检测都通过之后才能继续下面的安装。如果出现错误,需要更正所有失败后才能安装。

图1-9 安装程序支持规则

通过"安装程序支持规则"检查之后进入"功能选择"界面,如图1-10所示。这里选择需要安装的SQL Server功能以及安装路径。

图1-10 功能选择

接下来是"实例配置",如图 1-11 所示,这里选择默认的 ID 和路径。

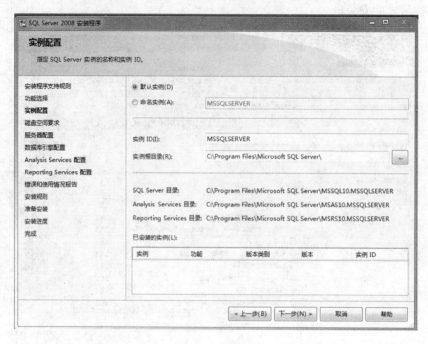

图 1-11　实例配置

在完成安装内容选择之后会显示磁盘使用情况,可根据磁盘空间自行调整,如图 1-12 所示。

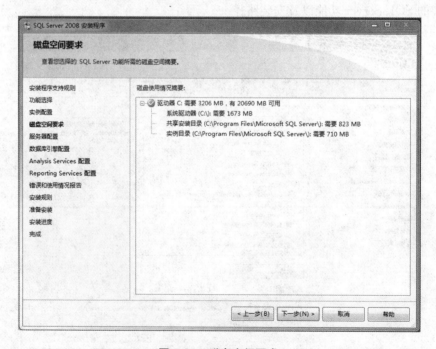

图 1-12　磁盘空间要求

如图 1-13 所示,在服务器配置中,需要为各种服务指定合法的账户。

点击"对所有 SQL Server 服务使用相同的账户",选中使用的账户。SQL Server 及 SQL Server Broeserver 最好选为自动启动。

图 1-13　服务器配置

接下来是数据库登录时的身份验证。进入"身份验证模式"界面,在安装过程中,必须为数据库引擎选择身份验证模式。可供选择的模式有两种:Windows 身份验证模式和混合模式。Windows 身份验证模式会启用 Windows 身份验证并禁用 SQL Server 身份验证。混合模式会同时启用 Windows 身份验证和 SQL Server 身份验证。Windows 身份验证始终可用,并且无法禁用。

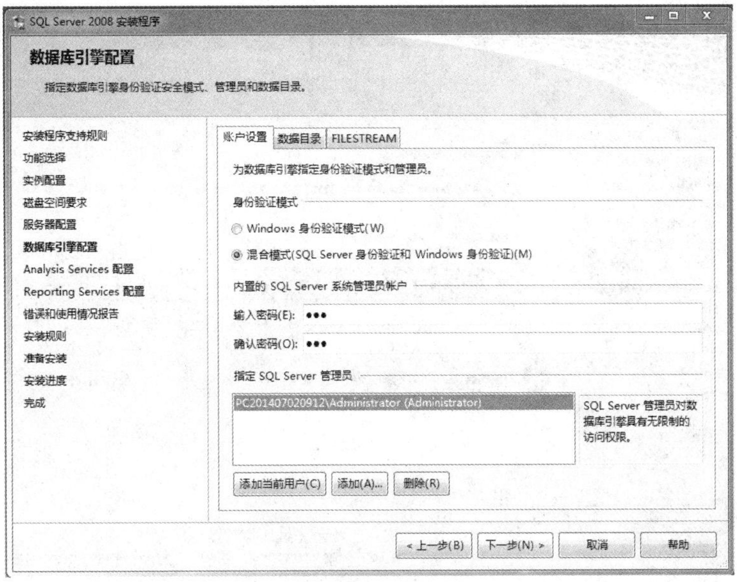

图 1-14　数据库引擎配置

如果在安装过程中选择混合模式身份验证,则必须为名为 sa 的内置 SQL Server 系统管理员账户提供一个强密码并确认该密码。sa 账户通过使用 SQL Server 身份验证进行连接。

如果在安装过程中选择 Windows 身份验证,则安装程序会为 SQL Server 身份验证创建 sa 账户,但会禁用该账户。如果以后想将 Windows 身份验证更改为混合模式身份验证并要使用 sa 账户,则必须启用 Windows 身份验证的账户,并在此账户登录的 SQL Server 2008 系统上进行相关设置,使得 sa 账户可用。我们选择混合模式并设置 sa 密码。

如图 1-15 所示,为"Analysis Services 配置"指定管理员,本书以系统管理员作为示例。

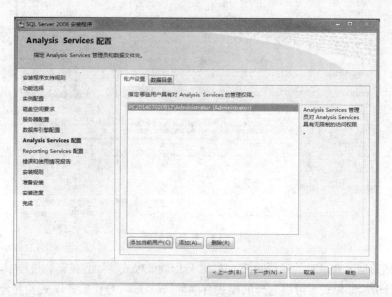

图 1-15　Analysis Services 配置

在报表服务配置中选择默认模式,用户可根据需求选择,如图 1-16 所示。

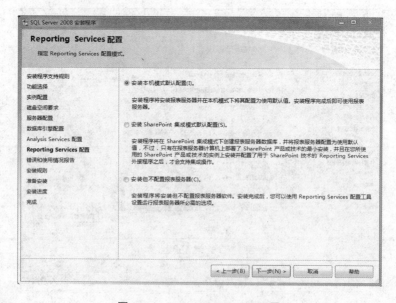

图 1-16　Reporting Services 配置

如图 1-17 所示，"错误和使用情况报告"界面中可选择是否将错误报告发送给微软。

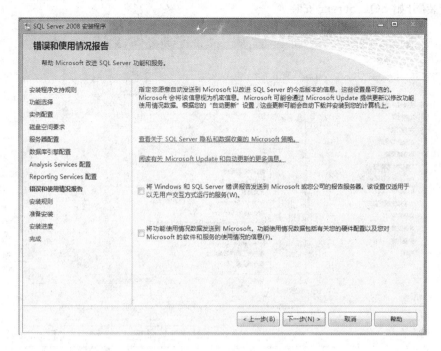

图 1-17 错误和使用情况报告

最后根据功能配置选择再次进行环境检查，如图 1-18 所示。

图 1-18 安装规则

当通过检查之后,软件将会列出所有的配置信息,最后一次确认安装,如图 1-19 所示。点击"安装"开始 SQL Server 安装。

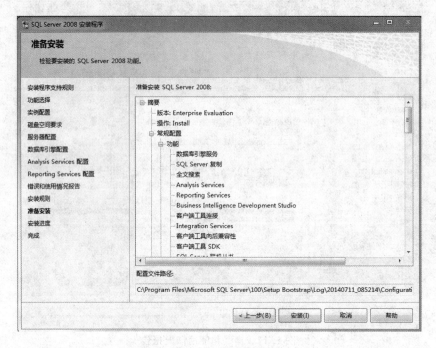

图 1-19　准备安装

根据硬件环境的差异,安装过程可能持续 10～30 分钟,如图 1-20 所示。

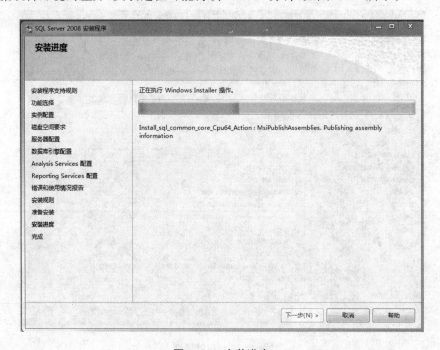

图 1-20　安装进度

如图 1-21 所示,当安装完成之后,SQL Server 将列出各功能安装状态。

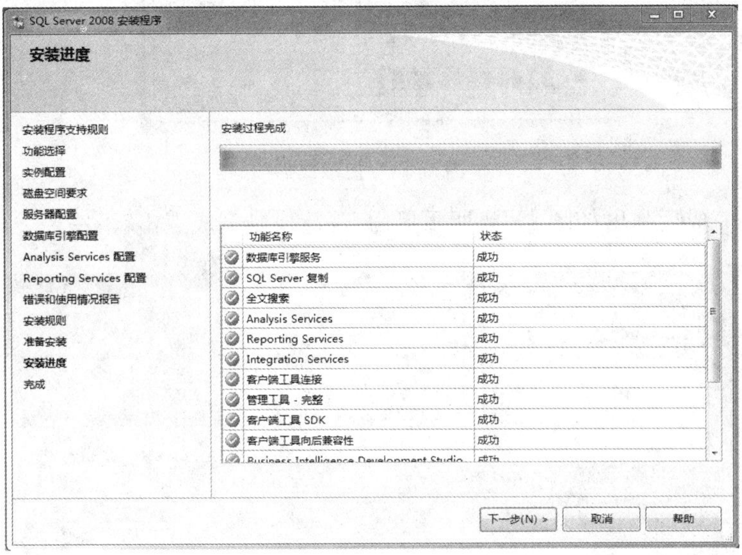

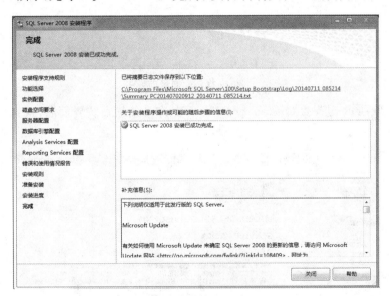

图 1-21　安装进度完成

如图 1-22 所示,此时 SQL Server 2008 完成了安装,并将安装日志保存在指定的路径下。

图 1-22　完成安装

安装完成后再安装 SP1 补丁。

安装完成后重新启动计算机,否则可能会导致运行安装程序失败。

1.2.3　SQL Server 2008 的 SP1 补丁安装

在 Windows 7 操作系统系,启动 Microsoft SQL 2008 SP1 安装程序后,如图 1-23。

图 1-23　提取文件

提取文件完成后弹出如图 1-24 所示界面，等待检测完成点击"下一步"。

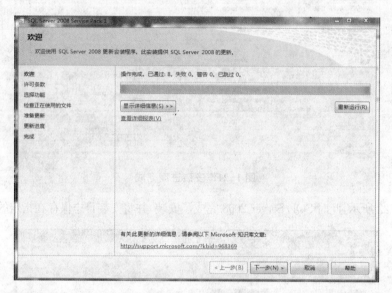

图 1-24　欢迎界面

如图 1-25 所示，进入 SQL Server 2008 SP1 许可条款安装界面后，选择"同意"，点击"下一步"。

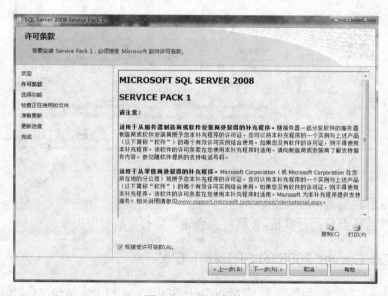

图 1-25　许可条款

如图 1-26 所示,进入 SQL Server 2008 SP1 选择功能安装界面后,根据需要选择你所需要的功能,点选对应项前面的小方框,然后点击"下一步"。

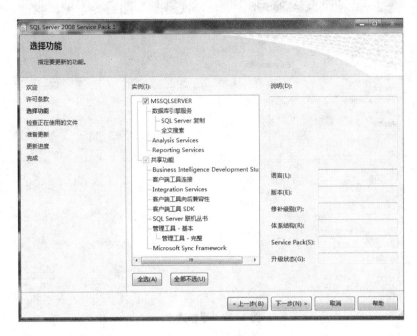

图 1-26 选择功能界面

如图 1-27 所示,进入 SQL Server 2008 SP1 检查正在使用的文件安装界面后,等待检查完成,没有出现错误和警告,点击"下一步"。

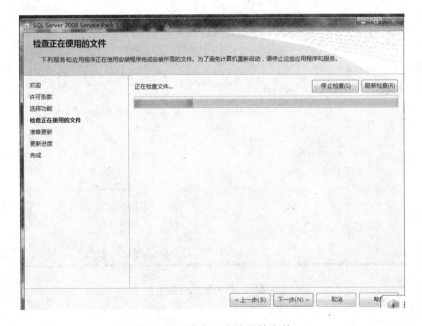

图 1-27 检查正在使用的文件

如图 1-28 所示，进入 SQL Server 2008 SP1 准备更新安装界面后，点击"更新"。

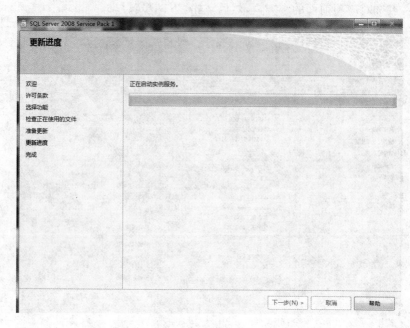

图 1-28　更新进度

如图 1-29 所示，更新完成后，点击"下一步"完成 SQL Server 2008 SP1 的安装。

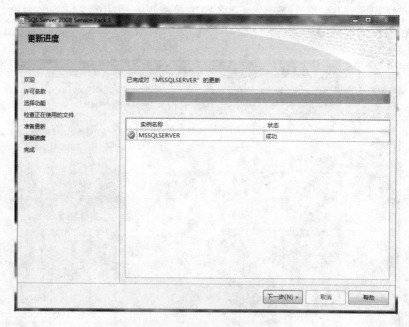

图 1-29　完成更新

1.3　必备知识

1.3.1　SQL Server 概述

SQL Server 是一个全面的数据库平台，它为企业中的用户提供了一个安全、可靠和高效的平台，用于企业数据管理和商业智能应用。SQL Server 2008 为信息工作者带来了强大的可伸缩性、可用性、高安全性以及更加便于建立、配置和管理的数据库平台。通过它全面的功能集和现有系统的集成性，以及对日常任务的自动化管理能力，SQL Server 2008 为不同规模的企业提供了一个完整的数据解决方案。

SQL Server 数据库平台包括以下工具：

关系型数据库：安全、可靠、可伸缩、高可用的关系型数据库引擎，提升了性能且支持结构化和非结构化（XML）数据。

复制服务：数据复制可用于数据分发、处理移动数据应用、系统高可用、企业报表解决方案的后备数据可伸缩存储、与异构系统的集成等，包括已有的 Oracle 数据库等。

通知服务：用于开发、部署可伸缩应用程序的先进的通知服务能够向不同的连接和移动设备发布个性化、及时的信息更新。

集成服务：可以支持数据仓库和企业范围内数据集成的抽取、转换和装载能力。

分析服务：联机分析处理（OLAP）功能可用于多维存储的大量、复杂的数据集的快速高级分析。

报表服务：全面的报表解决方案，可创建、管理和发布传统的、可打印的报表和交互的、基于 Web 的报表。

管理工具：SQL Server 包含的集成管理工具可用于高级数据库管理和调谐，它也和其他微软工具，如 MOM 和 SMS 紧密集成在一起。标准数据访问协议大大减少了 SQL Server 和现有系统间数据集成所花的时间。此外，构建于 SQL Server 内的内嵌 Web Service 支持确保了和其他应用及平台的互操作能力。

开发工具：SQL Server 为数据库引擎、数据抽取、转换和装载（ETL）、数据挖掘、联机分析处理（OLAP）和报表提供了和 Microsoft Visual Studio® 相集成的开发工具，以实现端到端的应用程序开发能力。SQL Server 中每个主要的子系统都有自己的对象模型和 API，能够以任何方式将数据系统扩展到不同的商业环境中。

1.3.2　SQL Server 组件介绍

SQL Server 是用于大规模联机事务处理、数据仓库和电子商务应用的数据库和数据库分析平台，其部分重要服务组件包括 SQL Server 数据库引擎、SQL Server Analysis Services、SQL Server Reporting Services、SQL Server Notification Services、SQL Server Integration Services 和 SQL Server 复制，等等。

SQL Server 数据库引擎：

数据库引擎包括数据库引擎（用于存储、处理和保护数据的核心服务）、复制、全文搜索以及用于管理关系数据和 XML 数据的工具。

SQL Server Analysis Services：

Microsoft SQL Server Analysis Services(SSAS)为商业智能应用程序提供了联机分析处理(OLAP)和数据挖掘功能。使用 Analysis Services 可以设计、创建和管理多维结构(其中包含从关系数据库等其他数据源聚合的数据)，并通过这种方式来支持 OLAP。对于数据挖掘应用程序，Analysis Services 允许使用多种行业标准的数据挖掘算法来设计、创建和可视化基于其他数据源的数据挖掘模型。

SQL Server Reporting Services：

Microsoft SQL Server Reporting Services(SSRS)平台用于生成从各种数据源提取数据的企业报表，发布能以各种格式查看的报表，以及集中管理安全性和订阅。

Reporting Services 包含用于创建和发布报表及报表模型的图形工具和向导；用于管理 Reporting Services 的报表服务器管理工具；以及用于对 Reporting Services 对象模型进行编程和扩展的应用程序编程接口(API)。

SQL Server Notification Services：

Microsoft SQL Server Notification Services 是用于开发和部署生成并发送通知的应用程序的 SQL Server 平台。Notification Services 可以向数千或数百万的订阅方及时发送个性化的消息，还可以向各种各样的设备传递这些消息。

Notification Services 包含用于生成应用程序的 XML 架构和 Notification Services 管理对象(NMO)；用于部署和管理 Notification Services 实例的 SQL Server Management Studio 对话框、命令行工具和 NMO 支持；以及用于生成订阅管理界面和自定义组件的应用程序编程接口(API)。

SQL Server 复制：

复制是在数据库之间对数据和数据库对象进行复制和分发，然后在数据库之间进行同步以保持一致性的一组技术。使用复制可以将数据通过局域网、广域网、拨号连接、无线连接和 Internet 分发到不同位置以及分发给远程用户或移动用户。

SQL Server Management Studio 集成管理器：

集成管理器(SSMS) 是 Microsoft SQL Server 2008 中的新组件，这是一个用于访问、配置、管理和开发 SQL Server 的所有组件的集成环境。SSMS 将 SQL Server 早期版本中包含的企业管理器、查询分析器和分析管理器的功能组合到单一环境中，为不同层次的开发人员和管理人员提供 SQL Server 访问能力。

1.3.3 SQL Server 2008 特性

在当今的互联世界中，数据和管理数据的系统必须始终为用户可用且能够确保安全，SQL Server 2008 也包括了很多新的和改进的功能来帮助企业的 IT 团队更有效率地工作。

SQL Server 2008 包括了以下几个在企业数据管理中的特性：

1) 易管理

SQL Server 2008 能够更为简单地部署、管理和优化企业数据和分析应用程序。作为一个企业数据管理平台，SQL Server 2008 提供了一个唯一的管理控制台，使得数据管理人员能够在组织内的任何地方监视、管理和调谐企业中所有的数据库和相关的服务。它还提供了一个可扩展的管理架构，可以更容易的用 SQL 管理对象（SMO）来编程，使得用户可以定制和扩展他们的管理环境，独立软件开发商（ISV）也能够创建附加的工具和功能来更好地扩展应用。

SQL Server 管理工具集：SQL Server 2008 通过提供一个集成的管理控制台来管理和监视 SQL Server 关系型数据库、集成服务、分析服务、报表服务、通知服务以及分布式服务器和数据库上的 SQL Mobile，从而大大简化了管理的复杂度。数据库管理员可以同时执行如下任务：编写和执行查询，查看服务器对象，管理对象，监视系统活动，查看在线帮助。SQL Server 管理工具集包括一个使用 T-SQL、MDX、XMLA 和 SQL Server Mobile 版等来完成编写、编辑和管理脚本、存储过程的开发环境。管理工具集很容易和源码控制相集成，同时，管理工具集也包括一些工具，可用来调度 SQL Server Agent 作业和管理维护计划以自动化每日的维护和操作任务。管理和脚本编写集成在单一工具中，同时，该工具具有管理所有类型的服务器对象的能力，为数据库管理员们提供了更强的生产力。

2）可用性

在高可用技术、额外的备份和恢复功能以及复制增强上的投资使企业能够构建和部署高可用的应用系统。SQL Server 2008 在高可用上的创新有：数据镜像，故障转移集群，数据库快照和增强的联机操作。下面介绍几个增强特性。

数据库镜像：数据库镜像允许事务日志以连续的方式从源服务器传递到单台目标服务器上。当主系统出现故障时，应用程序可以立即重新连接到辅助服务器上的数据库。辅助实例几秒钟内即可检测到主服务器发生了故障，并能立即接受数据库连接。数据库镜像工作在标准服务器硬件下，不需要特定的存储或控制器。

故障转移集群：故障转移集群是一个高可用解决方案，在 SQL Server 2008 中，SQL Server 分析服务、通知服务、与 SQL Server 复制现在都已支持故障转移集群。集群节点的最大数量也增加到 8 个，SQL Server 故障转移集群现已是一个完整的容错服务器解决方案。

数据库快照：SQL Server 2008 所引入的这一功能使数据库管理员可以生成数据库的稳定的只读视图。数据库快照提供了一个稳定的视图，而不必花时间或存储开销来创建数据库的完整副本。由于主数据库背离了快照，快照将在原始页被更改时自行获取有关副本。快照可被用于快速恢复数据库的意外更改，只要通过对主数据库重新应用来自快照的页就能实现。

快速恢复：SQL Server 2008 通过一个新的快速恢复选项提高了 SQL Server 数据库的可用性。在事务日志前滚之后，用户可以重新连接到恢复数据库。SQL Server 早期版本要求即便用户无需访问数据库中受影响的部分，也需等到不完整的事务回滚之后才能进行重新连接。

复制：复制通过为多个数据库分发数据来提高数据的可用性。通过允许应用程序在数据库间外扩 scale out SQL Server 读负载，从而提高了可用性。通过使用一个新的点对点模型，SQL Server 2008 增强了复制功能。这个新模型提供了一个新拓扑结构，使数据库可以与任何同级数据库进行事务同步。

3）可伸缩性

SQL Server 2008 提供了诸如表分区、快照隔离、64 位支持等方面的高级可伸缩性功能，使你能够使用 SQL Server 2008 构建和部署最关键的应用。表和索引的分区功能显著地增强了对大型数据库的查询性能。

表和索引分区把数据库分成更小、更易管理的块，从而简化了大型数据库的管理。对数据库世界而言，在表、数据库和服务器之间的数据分区已不是一个新的概念，SQL Server 2008 提供了在数据库的文件组之间表分区的功能，水平分区允许把表按分区 scheme 分为多个小的组。表分区用于非常大的从几百 GB 到 TB、甚至更大的数据库。

4）安全性

SQL Server 2008 将提供全新的安全认证、数据加密技术来加强数据系统的安全性；数据库镜像、快照、时点恢复、实时在线管理等诸多功能大大提高了企业级系统的可靠性、扩展性；而数据集成、各种自动化管理、调试和优化工具则为您的 IT 管理工作带来全新的体验。在硬件方面，SQL Server 2008 支持 64 位运算和海量数据存储。SQL Server 2008 在数据库平台的安全模型上有了显著的增强，由于提供了更为精确和灵活的控制，数据安全更为严格。

SQL Server 2008 在数据库管理中的特性：

1）数据库镜像

通过新数据库镜像方法，将记录档案传送性能进行延伸。您将可以使用数据库镜像，通过将自动失效转移建立到一个待用服务器上，增强您 SQL 服务器系统的可用性。

2）在线恢复

使用 SQL Server 2008 版服务器，数据库管理人员将可以在 SQL 服务器运行的情况下执行恢复操作。在线恢复改进了 SQL 服务器的可用性，因为只有正在被恢复的数据是无法使用的，而数据库的其他部分依然在线、可供使用。

3）在线检索操作

在线检索选项可以在指数数据定义语言（DDL）执行期间，允许对基底表格或集簇索引数据和任何有关的检索进行同步修正。例如，当一个集簇索引正在重建的时候，您可以对基底数据继续进行更新，并且对数据进行查询。

4）快速恢复

新的、速度更快的恢复选项可以改进 SQL 服务器数据库的可用性。管理人员将能够在事务日志向前滚动之后，重新连接到正在恢复的数据库。

5）安全性能的提高

SQL Server 2008 包括了一些在安全性能上的改进，例如数据库加密、设置安全默认值、增强密码政策、缜密的许可控制以及一个增强型的安全模式。

6）新的 SQL Server Management Studio

SQL Server 2008 引入了 SQL Server Management Studio，这是一个新型的统一的管理工具组。这个工具组将包括一些新的功能，以开发、配置 SQL Server 数据库，发现并修理其中的故障,同时这个工具组还对从前的功能进行了一些改进。

7) 专门的管理员连接

SQL Server 2008 将引进一个专门的管理员连接,即使在一个服务器被锁住,或者因为其他原因不能使用的时候,管理员可以通过这个连接,接通这个正在运行的服务器。这一功能将能让管理员通过操作诊断功能或 Transact — SQL 指令,找到并解决发现的问题。

8) 快照隔离

我们将在数据库层面上提供一个新的快照隔离(SI)标准。通过快照隔离,使用者将能够使用与传统一致的视野观看数据库,存取最后执行的一行数据。这一功能将为服务器提供更大的可升级性。

9) 数据分割

数据分割将加强本地表检索分割,这使得大型表和索引可以得到高效的管理。

10) 增强复制功能

对于分布式数据库而言,SQL Server 2008 提供了全面的方案修改(DDL)复制、下一代监控性能、从甲骨文(Oracle)到 SQL Server 的内置复制功能、对多个超文本传输协议(HT-TP)进行合并复制,以及就合并复制的可升级性和运行,进行了重大的改良。另外,新的对等交易式复制性能,通过使用复制,改进了其对数据向外扩展的支持。

SQL Server 2008 的开发特性:

1) .NET 框架主机

使用 SQL Server 2008,开发人员通过使用相似的语言,例如微软的 Visual C♯.NET 和微软的 Visual Basic,将能够创立数据库对象。开发人员还将能够建立两个新的对象——用户定义的类和集合。

2) XML 技术

在使用本地网络和互联网的情况下,在不同应用软件之间散布数据的时候,可扩展标记语言(XML)是一个重要的标准。SQL Server 2008 将会自身支持存储和查询可扩展标记语言文件。

3) ADO.NET 2.0 版本

从对 SQL 类的新的支持,到多活动结果集(MARS),SQL Server 2008 中的 ADO.NET 将推动数据集的存取和操纵,实现更大的可升级性和灵活性。

4) 增强的安全性

SQL Server 2008 中的新安全模式将用户和对象分开,提供 fine—grain access 存取并允许对数据存取进行更大的控制。另外,所有系统表格将作为视图得到实施,对数据库系统对象进行了更大程度的控制。

5) Transact-SQL 的增强性能

SQL Server 2008 为开发可升级的数据库应用软件提供了新的语言功能。这些增强的性能包括处理错误、递归查询功能以及关系运算符 PIVOT、APPLY、ROW_NUMBER 和其他数据列排行功能,等等。

6) SQL 服务中介

SQL 服务中介将为大型、营业范围内的应用软件提供一个分布式的、异步应用框架。

7) 通告服务

通告服务使得业务可以建立丰富的通知应用软件,向任何设备提供个人化的和及时的信息,例如股市警报、新闻订阅、包裹递送警报、航空公司票价等。在 SQL Server 2008 中,通告服务和其他技术更加紧密地融合在了一起,这些技术包括分析服务、SQL Server Management Studio。

8) Web 服务

使用 SQL Server 2008,开发人员将能够在数据库层开发 Web 服务,将 SQL Server 当作一个超文本传输协议(HTTP)侦听器,并且为网络服务中心应用软件提供一个新型的数据存取功能。

9) 报表服务

利用 SQL Server 2008 报表服务可以提供报表控制,可以通过 Visual Studio 2008 发行。

10) 全文搜索功能的增强

SQL Server 2008 将支持丰富的全文应用软件。服务器的编目功能将得到增强,对编目的对象提供更大的灵活性。查询性能和可升级性将大幅得到改进,同时新的管理工具将为有关全文功能的运行提供更深入的了解。

SQL Server 2008 包括了以下几个有关商业智能的特性:

1) 分析服务

SQL Server 2008 的分析服务迈入了实时分析的领域。从对可升级性性能的增强到与微软 Office 软件的深度融合,SQL Server 2008 将帮助您将商业智能扩展到业务的每一个层次。

2) 数据传输服务(DTS)

DTS 数据传输服务是一套绘图工具和可编程的对象,您可以用这些工具和对象,对从截然不同来源而来的数据进行摘录、传输和加载(ETL),同时将其转送到单独或多个目的地。SQL Server 2008 将引进一个完整的数据传输服务,重新设计方案,这一方案为用户提供了一个全面的摘录、传输和加载平台。

3) 数据挖掘

我们将引进四个新的数据挖掘运算法,改进的工具会使数据挖掘对于任何规模的企业来说都变得简单起来。

4) 报表服务

在 SQL Server 2008 中,报表服务将为在线分析处理(OLAP)环境提供自我服务、创建最终用户特别报告、增强查询方面的开发水平,并为丰富和便于维护企业汇报环境,就允许升级方面提供增进的性能。

5）集群支持

通过支持容错技术移转丛集，增强对多重执行个体的支持，以及支持备份和恢复分析服务对象和数据，分析服务改进了其可用性。

6）主要运行指标

主要运行指标（KPIs）为企业提供了新的功能，使其可以定义图表化的和可定制化的商业衡量标准，以帮助公司制定和跟踪主要的业务基准。

7）可伸缩性和性能

并行分割处理、创建远程关系在线分析处理（ROLAP）或混合在线分析处理（HOLAP）分割、分布式分割单元、持续计算和预制缓存等特性，极大地提升了 SQL Server 2008 中分析服务的可伸缩性和性能。

8）单击单元

当在一个数据仓库中创建一个单元时，单元向导将包括一个可以单击单元检测和建议的操作。

9）预制缓存

预制缓存将 MOLAP 等级查询运行与实时数据分析合并到一起，排除了维护在线分析处理存储的需要。显而易见，预制缓存将数据的一个更新备份进行同步操作，并对其进行维护，而这些数据是专门为高速查询而组织的，它们将最终用户从超载的相关数据库分离了出来。

10）与 Microsoft Office System 集成

在报表服务中，由报表服务器提供的报表能够在 Microsoft SharePoint 门户服务器和 Microsoft Office System 应用软件的环境中运行，Office System 应用软件中包括 Microsoft Word 和 Microsoft Excel。您可以使用 SharePoint 功能，订阅报表、建立新版本的报表以及分发报表。还能够在 Word 或 Excel 软件中打开报表，观看超文本链接标示语言（HTML）版本的报表。

SQL Server 2008 是一个重大的产品版本，它推出了许多新的特性和关键的改进，使得它成为至今为止最强大、最全面的 SQL Server 版。

1.3.4　SQL Server 2008 版本介绍

SQL Server 2008 分为 SQL Server 2008 企业版、标准版、工作组版、Web 版、开发者版、Express 版、Compact 3.5 版，其功能和作用也各不相同，其中 SQL Server 2008 Express 版是免费版本。

1）SQL Server 2008 企业版

SQL Server 2008 企业版是一个全面的数据管理和业务智能平台，为关键业务应用提供了企业级的可扩展性、数据仓库、安全、高级分析和报表支持。这一版本将为您提供更加坚固的服务器和执行大规模在线事务处理。

2）SQL Server 2008 标准版

SQL Server 2008 标准版是一个完整的数据管理和业务智能平台，为部门级应用提供了最佳的易用性和可管理特性。

3）SQL Server 2008 工作组版

SQL Server 2008 工作组版是一个值得信赖的数据管理和报表平台，用以实现安全的发布、远程同步和对运行分支应用的管理能力。这一版本拥有核心的数据库特性，可以很容易地升级到标准版或企业版。

4）SQL Server 2008 Web 版

SQL Server 2008 Web 版是针对运行于 Windows 服务器中要求高可用、面向 Internet Web 服务的环境而设计的。这一版本为实现低成本、大规模、高可用性的 Web 应用或客户托管解决方案提供了必要的支持工具。

5）SQL Server 2008 开发者版

SQL Server 2008 开发者版允许开发人员构建和测试基于 SQL Server 的任意类型应用。这一版本拥有所有企业版的特性，但只限于在开发、测试和演示中使用。基于这一版本开发的应用和数据库可以很容易地升级到企业版。

6）SQL Server 2008 Express 版

SQL Server 2008 Express 版是 SQL Server 的一个免费版本，它拥有核心的数据库功能，其中包括了 SQL Server 2008 中最新的数据类型，但它是 SQL Server 的一个微型版本。这一版本是为了学习、创建桌面应用和小型服务器应用而发布的，也可供 ISV 再发行使用。

7）SQL Server Compact 3.5 版

SQL Server Compact 是一个针对开发人员而设计的免费嵌入式数据库，这一版本的意图是构建独立、仅有少量连接需求的移动设备、桌面和 Web 客户端应用。SQL Server Compact 可以运行于所有的微软 Windows 平台之上，包括 Windows XP 和 Windows Vista 操作系统，以及 Pocket PC 和 SmartPhone 设备。

1.4 拓展训练

（1）在自己的计算机上安装 SQL Server 2008 的某个版本。
（2）在已安装的 SQL Server 2008 标准版上安装 SQL Server 2008 SP1。
（3）使用"Windows 身份验证"模式和"SQL Server 身份验证"模式连接数据库。
（4）操作并认识 SQL Server Management Studio 窗体界面。

1.5 练习题

1. 简述 SQL Server 2008 的功能。
2. SQL Server 2008 包含哪些重要组件？

3. 简单介绍 SQL Server 2008 不同版本间的区别。

4. 如何启动 SQL Server Management Studio?

5. 默认状态下 SQL Server Management Studio 由哪些窗口组成?

6. 如果 SQL Server Management Studio 窗口排列混乱,如何重置该窗口的布局?

→ **项目二**

数据库设计

学习目标 ▶▶▶▶

初步掌握订货管理系统需求分析的方法；

会设计订货管理系统 E-R 图；

会设计订货管理数据库结构；

会编写订货管理数据库设计文档。

2.1 任务描述

(1) 订货管理系统需求分析。

(2) 设计订货管理系统 E-R 图。

(3) 设计订货管理系统关系的模式。

(4) 设计订货管理系统的物理结构。

(5) 编写数据库设计说明书。

2.2 解决方案

2.2.1 订货管理系统需求分析

【操作解析】

数据库设计(Database Design)是指根据用户的需求，在某一具体的数据库管理系统上，设计数据库的结构和建立数据库的过程，大致可分为 5 个步骤：需求分析、概念设计、逻辑设计、物理设计、实施和维护。

根据任务要求，要完成订货管理系统的需求分析，首先要搞清楚 5 个 W：What，Why，Who，Where，When。即要做什么，为什么要做，由谁来做，在什么地方做和什么时候做。

解决这个问题可以采用调查方法，设计用例图。需求分析阶段的成果是系统功能结构图、数据流程图等一系列图表。在用例建模的过程中，用例图是实现建模的强有力工具。画用例图的步骤是先找出参与者，再根据参与者确定每个参与者相关的用例，最后再细化每一个用例的用例规约。如何寻找参与者？所谓的参与者是指所有存在于系统外部并与系统进行交互的人或其他系统。通俗地讲，参与者就是所要定义系统的使用者。寻找参与者可以从以下问题入手：

系统开发完成之后,有哪些人会使用这个系统?

系统需要从哪些人或其他系统中获得数据?

系统会为哪些人或其他系统提供数据?

系统会与哪些其他系统相关联?

系统是由谁来管理和维护的?

【操作步骤】

(1) 设计调查问卷

订货管理系统主要涉及的参与者是系统管理员、运货商、供应商、雇员和客户,可以针对这四类人员分别设计四份调查问卷,格式可以自定,也可参照表 2-1 所示。

表 2-1 调查问卷表实例

问卷调查表

1. 你的工作岗位是什么?
2. 你的工作性质是什么?
3. 你的工作任务是什么?
4. 你的工作结果同前、后续工作如何联系?

……

×××先生/女士:

您好! 请您抽空准备一下,我们将于×日与您会面。

谢谢!

×××课题组

(2) 定义用例图(Use Case Diagram)和绘制用例图(Use Case Diagram)

经调研,该管理系统包括系统管理员、运货商、供应商、雇员和客户。系统管理员主要负责日常的订货管理工作,如各种基本信息的录入、修改和删除等操作。运货商使用该系统可以进行订单信息查询等操作,供应商使用该系统可以对产品的基本信息进行查询。雇员使用该系统可完成订单信息查询和订货管理,客户使用该系统主要完成对客户信息的添加、删除、查询的管理和订单查询等操作。

2.2.2 设计订货管理系统 E-R 图

【操作解析】

根据需求分析阶段收集到的材料,首先,利用分类、聚集和概括等方法抽象出实体,对列举出来的实体一一标注出其相应的属性;其次,确定实体间的联系类型(一对一,一对多或多对多);最后,使用 ER_Designer 工具画出 E-R 图。

(1) 确定实体。通过调查了解到订货管理系统的实体有类别、订单、产品、雇员、运货商、供应商和客户等。

(2) 确定实体属性,如雇员的相关属性有雇员 ID、姓名、职务、出生日期等。

(3) 经过分析确定系统中各实体存在以下联系。

① 雇员和订单之间有个一对多的联系。

② 客户和订单之间有个一对多的联系。

③ 类别和产品之间有个一对多的联系。

④ 供应商和产品之间有个一对多的联系。

⑤ 订单和产品之间有个多对多的联系。

⑥ 运货商和订单之间有个一对多的联系。

【操作步骤】

（1）设计局部 E-R 模型

① 使用 ER_Designcr 工具绘制雇员和订单的局部 E-R 图，如图 2-1 所示。

② 使用 ER_Designer 工具绘制产品和订单的局部 E-R 图，如图 2-2 所示。

（2）使用 ER_Designer 工具绘制全局 E-R 图

2.2.3 设计订货管理系统的关系模式

【操作解析】

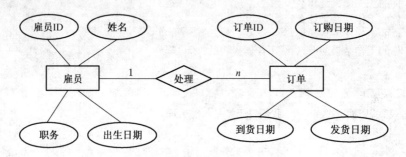

图 2-1 雇员和订单的局部 E-R 图

根据任务要求，需要先将 E-R 模型按规则转化为关系模式，再根据导出的关系模式，根据功能需求增加关系、属性并规范化得到最终的关系模型。

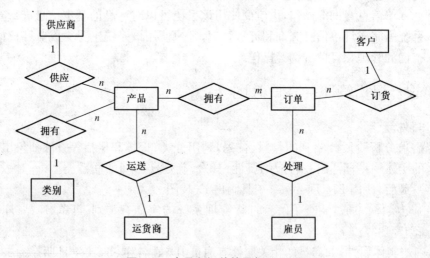

图 2-2 产品和订单的局部 E-R 图

【操作步骤】

（1）"类别"与"产品"之间存在一对多的关系，处理结果为：

类别(类别 ID，类别名称，说明，图片)

产品(产品 ID,产品名称,供应商 ID,类别 ID,单位数量,单价,库存量,订购量,再订购量,中止)

(2)"供应商"与"产品"之间存在一对多的关系,处理结果为:

供应商(供应商 ID,公司名称,联系人姓名,联系人职务,地址,城市,地区,邮政编码,国家,电话,传真,主页)

产品(产品 ID,产品名称,供应商 ID,类别 ID,单位数量,单价,库存量,订购量,再订购量,中止)

(3)"订单"与"产品"之间存在多对多的关系,处理结果为:

订单(订单 ID,客户 ID,雇员 ID,订购日期,到货日期,发货日期,运货商,运货费,货主名称,货主地址,货主城市,货主地区,货主邮政编码,货主国家)

订单明细(订单 ID,产品 ID,单价,数量,折扣)

产品(产品 ID,产品名称,供应商 ID,类别 ID,单位数量,单价,库存量,订购量,再订购量,中止)

(4)"雇员"与"订单"之间存在一对多的关系,处理结果为:

雇员(雇员 ID,姓氏,名字,职务,尊称,出生日期,雇用日期,地址,城市,地区,邮政编码,国家,家庭电话,分机,照片,备注,上级)

订单(订单 ID,客户 ID,雇员 ID,订购日期,到货日期,发货日期,运货商,运货费,货主名称,货主地址,货主城市,货主地区,货主邮政编码,货主国家)

(5)"客户"与"订单"之间存在一对多的关系,处理结果为:

客户(客户 ID,公司名称,联系人姓名,联系人职务,地址,城市,地区,邮政编码,国家,电话,传真)

订单(订单 ID,客户 ID,雇员 ID,订购日期,到货日期,发货日期,运货商,运货费,货主名称,货主地址,货主城市,货主地区,货主邮政编码,货主国家)

(6)"运货商"与"订单"之间存在一对多的关系,处理结果为:

运货商(运货商 ID,公司名称,电话)

订单(订单 ID,客户 ID,雇员 ID,订购日期,到货日期,发货日期,运货商,运货费,货主名称,货主地址,货主城市,货主地区,货主邮政编码,货主国家)

(7)对上述处理结果进行综合得到最终的关系数据模型:

类别(类别 ID,类别名称,说明,图片)

产品(产品 ID,产品名称,供应商 ID,类别 ID,单位数量,单价,库存量,订购量,再订购量,中止)

供应商(供应商 ID,公司名称,联系人姓名,联系人职务,地址,城市,地区,邮政编码,国家,电话,传真,主页)

订单(订单 ID,客户 ID,雇员 ID,订购日期,到货日期,发货日期,运货商,运货费,货主名称,货主地址,货主城市,货主地区,货主邮政编码,货主国家)

订单明细(订单 ID,产品 ID,单价,数量,折扣)

雇员(雇员 ID,姓氏,名字,职务,尊称,出生日期,雇用日期,地址,城市,地区,邮政编码,国家,家庭电话,分机,照片,备注,上级)

客户(客户 ID,公司名称,联系人姓名,联系人职务,地址,城市,地区,邮政编码,

国家，电话，传真）

运货商（运货商 ID，公司名称，电话）

2.2.4 设计订货管理系统的物理结构

【操作解析】

根据设计的关系模式，在计算机上使用特定的数据库管理系统（SQL Server 2008）实现数据库的建立，称为数据库的物理结构设计。

【操作步骤】

表 2-2 产品表

列　名	数据类型	主外键	是否为空
产品 ID	Int	主键	
产品名称	Nvarchar(40)		是
供应商 ID	Int	外键	是
类别 ID	Int	外键	是
单位数量	Nvarchar(20)		是
单价	Money		是
库存量	Smallint		是
订购量	Smallint		是
再订购量	Smallint		是
中止	Bit		是

表 2-3 订单表

列　名	数据类型	主外键	是否为空
订单 ID	Int	主键	
客户 ID	Nvarchar(5)	外键	是
雇员 ID	Int	外键	是
订购日期	IDatetime		是
到货日期	Datetime		是
发货日期	Datetime		是
运货商	Int	外键	是
运货费	Money		是
货主名称	Nvarchar(40)		是
货主地址	Nvarchar(40)		是
货主城市	Nvarchar(15)		是

表 2-4 订单明细表

列　名	数据类型	主外键	是否为空
订单 ID	Int	主键	
产品 ID	Int	主键	
单价	Money		是
数量	Smallint		是
折扣	Real		是

表 2-5 供应商表

列　名	数据类型	主外键	是否为空
供应商 ID	Int	主键	
公司名称	Nvarchar(30)		是
联系人姓名	Nvarchar(30)		是
联系人职务	Nvarchar(30)		是
地址	Nvarchar(30)		是
城市	Nvarchar(30)		是
地区	Nvarchar(30)		是
邮政编码	Nvarchar(30)		是
国家	Nvarchar(30)		是

表 2-6 雇员表

列　名	数据类型	主外键	是否为空
雇员 ID	Int	主键	
姓氏	Nvarchar(20)		是
名字	Nvarchar(20)		是
职务	Nvarchar(20)		是
尊称	Nvarchar(20)		是
出生日期	Datetime		是
雇佣日期	Datetime		是
地址	Nvarchar(20)		是
城市	Nvarchar(20)		是

表 2-7 客户表

列　名	数据类型	主外键	是否为空
客户 ID	Nvarchar(5)	主键	

续表 2-7

列　名	数据类型	主外键	是否为空
公司名称	Nvarchar(40)		是
联系人姓名	Nvarchar(40)		是
联系人职务	Nvarchar(40)		是
地址	Nvarchar(40)		是

表 2-8　类别表

列　名	数据类型	主外键	是否为空
类别 ID	Int	主键	
类别名称	Nvarchar(40)		是
说明	Ntext		是
图片	Image		是

表 2-9　运货商表

列　名	数据类型	主外键	是否为空
运货商 ID	Int	主键	
公司名称	Nvarchar(40)		是
电话	Nvarchar(40)		是

2.2.5　编写数据库设计说明书

【操作解析】

根据数据库设计说明书规范编写订货管理系统数据库设计说明书。

【操作步骤】

数据库设计说明书规范：

<项目名称>
数据库设计说明书

作　　者：＿＿＿＿＿＿＿＿

完成日期：＿＿＿＿＿＿＿＿

签 收 人：＿＿＿＿＿＿＿＿

签收日期：＿＿＿＿＿＿＿＿

1　引言

1.1　编写目的

说明编写这份数据库设计说明书的目的,指出预期的读者范围。

1.2　背景

说明：

待开发的数据库的名称和使用此数据库的软件系统的名称；

列出本项目的任务提出者、开发者、用户以及将安装该软件和这个数据库的单位。

1.3　定义

列出本文件中用到的专门术语的定义和缩写词的原词组。

1.4　参考资料

列出要用到的参考资料，如：

(1) 本项目经核准的计划任务书或合同、上级机关的批文。

(2) 属于本项目的其他已发表的文件。

(3) 本文件中各处引用的文件、资料，包括所要用到的软件开发标准。

(4) 列出这些文件的标题、文件编号、发表日期和出版单位，说明能够得到这些文件资料的来源。

2　外部设计

2.1　标识符和状态

联系用途，详细说明用于唯一地标识该数据库的代码、名称或标识符，附加的描述性信息也要给出。如果该数据库属于尚在实验中、尚在测试中或是暂时使用的，则要说明这一特点及其有效时间范围。

2.2　使用它的程序

列出将要使用或访问此数据库的所有应用程序，给出这些应用程序的名称和版本号。

2.3　约定

陈述一个程序员或一个系统分析员为了能使用此数据库而需要了解的建立标号、标识的约定，例如用于标识数据库的不同版本的约定和用于标识库内各个文卷、记录和数据项的命名约定等。

2.4　专门指导

向将要从事此数据库的生成、测试和维护的人员提供专门的指导，例如将被送入数据库的数据的格式和标准、操作规程和步骤，用于产生、修改、更新或使用这些数据文卷的操作指导。

如果这些指导的内容篇幅很长，列出可参阅的文件资料的名称和章条。

2.5　支持软件

简单介绍同此数据库直接有关的支持软件，如数据库管理系统、存储定位程序和用于装入、生成、修改、更新数据库的程序等。说明这些软件的名称、版本号和主要功能特性，如所用数据模型的类型、允许的数据容量等。列出这些支持软件的技术文件的标题、编号及来源。

3　结构设计

3.1　概念结构设计

说明本数据库将反映的现实世界中的实体、属性和它们之间的关系等的原始数据形式，包括各数据项、记录、系、文卷的标识符、定义、类型、度量单位和值域，建立本数据库的每一幅用户视图。

3.2　逻辑结构设计

说明把上述原始数据进行分解、合并后重新组织起来的数据库全局逻辑结构，包括所确定的关键字和属性、重新确定的记录结构和文卷结构、所建立的各个文卷之间的相互关系,形成本数据库的数据库管理员视图。

3.3　物理结构设计

建立系统程序员视图,包括:

(1) 数据在内存中的安排,包括对索引区、缓冲区的设计。

(2) 所使用的外存设备及外存空间的组织,包括索引区、数据块的组织与划分。

(3) 访问数据的方式方法。

4　运用设计

4.1　数据字典设计

对数据库设计中涉及的各种项目,如数据项、记录、系、文卷、模式和子模式等一般要建立数据字典,以说明它们的标识符、同义名及有关信息。在本节中要说明对此数据字典设计的基本考虑。

4.2　安全保密设计

说明在数据库的设计中,将如何通过区分不同的访问者、不同的访问类型和不同的数据对象,进行分别对待而获得的数据库安全保密的设计考虑。

2.3　必备知识

2.3.1　数据库基础

数据库技术是数据管理的技术,是计算机科学与技术的重要分支,是信息系统的核心和基础。当今社会上各种各样的信息系统都是以数据库为基础,对信息进行处理和应用的系统。数据库能借助计算机保存和管理大量的复杂的数据,快速而有效地为不同的用户和各种应用程序提供需要的数据,以便人们能更方便、更充分地利用这些宝贵的资源。

1) 数据库的基本概念

(1) 信息(Information)

信息是现实世界客观事物的存在方式或运动状态的反映,它具有被感知、存储、加工、传递和再生的属性。

(2) 数据(Data)

数据是描述客观事物的符号记录,可以是数字、文字、图形、图像、声音、语言等,经过数字化后存入计算机。

(3) 数据库(DataBase,简称 DB)

数据库是长期保存在计算机外存上的、有结构的、可共享的数据集合。数据库中的数据按一定的数据模型描述、组织和储存,具有很小的冗余度、较高的数据独立性和易扩展性,可为不同的用户共享。

这种数据集合具有如下特点:尽可能不重复,以最优方式为某个特定组织的多种应用服务,其数据结构独立于使用它的应用程序,对数据的增、删、改和检索由统一软件进行管理及控制。

（4）数据库管理系统（DataBase Management System，简称 DBMS）

数据库管理系统（DBMS）是指数据库系统中对数据库进行管理的软件系统。它是数据库系统的核心组成部分，数据库的一切操作，如查询、更新、插入、删除以及各种控制，都是通过 DBMS 进行的。如 Visual FoxPro、SQL Server 2008、Sybase、Oracle、Microsoft Access 等。数据库管理系统是数据库系统的核心，其主要工作就是管理数据库，为用户或应用程序提供访问数据库的方法。

（5）数据库系统（DataBase System，简称 DBS）

数据库系统是存储介质、处理对象和管理系统的集合体，通常由软件、数据库和数据管理员组成。软件主要包括操作系统、各种宿主语言、实用程序以及数据库管理系统，数据库管理系统统一管理数据库中数据的插入、修改和检索。数据库管理员负责创建、监控和维护整个数据库，使数据能被任何有使用权限的人员有效使用。

数据库系统就是引入数据库技术，有组织地、动态地储存大量关联数据，方便用户访问的计算机系统。

（6）数据库系统管理员（DataBase Administrator，简称 DBA）

数据库系统管理员是负责数据库的建立、使用和维护的专门的人员。用户使用数据库是目的，数据库管理系统是帮助用户达到这一目的的工具和手段。

2）数据库系统

（1）数据库系统的概念

数据库系统是由数据库、数据库管理系统、应用程序、数据库管理员、用户等构成的人-机系统。数据库系统并不单指数据库和数据库管理系统，而是指带有数据库的整个计算机系统。

数据库系统的个体含义是指一个具体的数据库管理系统软件和用它建立起来的数据库；它的学科含义是指研究、开发、建立、维护和应用数据库系统所涉及的理论、方法、技术。

数据库系统是软件研究领域的一个重要分支，涉及计算机应用、软件和理论三个方面。

数据库系统的发展主要以数据模型和 DBMS 的发展为标志。第一代数据库系统是指层次和网状数据库系统。第二代数据库系统是指关系数据库系统。目前正在研究的新一代数据库系统是数据库技术与面向对象、人工智能、并行计算、网络等结合的产物。其代表是面向对象数据库系统和演绎数据库系统。

（2）数据库系统组成

数据库系统包括计算机、数据库、操作系统、数据库管理系统、数据库开发工具、应用系统、数据库管理员和用户。概括来说，数据库系统主要由硬件、数据、软件和用户四部分构成。

① 数据：数据是数据库系统中存储的信息。

② 硬件：硬件是数据库系统的物理支撑。

③ 软件：包括系统软件与应用软件，其中系统软件包括操作系统及负责对数据库的运行进行控制和管理的核心软件——数据库管理系统；而应用软件是在 DBMS 的基础上由用户根据实际需要自行开发的应用程序。

④ 用户：指使用数据库的人员。在数据库系统中主要由终端用户、应用程序员和数据

库管理员三类用户组成。

数据库系统的组成结构如图 2-3 所示。

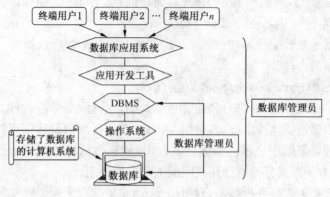

图 2-3 数据库系统结构图

2.3.2 关系数据模型

1) 概念模型

数据库系统中,把现实世界的事物抽象转化为机器世界的数据库的过程就是数据建模的过程。在这个过程中,信息要经过三个范畴,进行两个转换过程,如图 2-4 所示。图中信息的两个转换过程通过两类不同的数据模型实现,分别是概念模型和实施模型,即数据建模过程中数据模型的两个级别或层次。

图 2-4 数据模型的两个级别

概念模型是现实世界到机器世界的一个中间层次,是数据库设计人员和用户之间进行交流的语言。因此,它应具有较强的语义表达能力、简单、清晰、易于用户理解等特点。

(1) 概念模型涉及的基本概念

① 实体(Entity)

客观存在的并可相互区别的事物称为实体。可以是具体的人、事、物,也可以是抽象的概念或联系。

② 属性(Attribute)

实体所具有的某一特性称为属性。一个实体可以由若干个属性来刻画。如"学生"实体可以由学号、姓名、性别、出生年月等属性组成。

③ 码(Key)

唯一标识实体的属性集称为码。例如,学号是学生实体的码。

④ 域(Domain)

属性的取值范围称为该属性的域。例如,学生实体的性别的域为男、女,年龄的域为小于 38 岁,等等。

⑤ 实体型（Entity Type）

用实体名及其属性名集合来抽象和刻画的同类实体，称为实体型。例如，学生（学号，姓名，性别，出生年月，系别，入学时间）就是一个实体型。

⑥ 实体集（Entity Set）

同型实体的集合，称为实体集。例如，全体学生就是一个实体集。

⑦ 联系（Relationship）

实体内部的联系：指实体的各属性之间的联系。实体之间的联系：指不同实体集之间的联系。

• 一对一的联系（1∶1） 如果对于实体集 A 中的每一个实体，实体集 B 中至多有一个实体与之联系，反之亦然，则称实体集 A 与实体集 B 具有一对一联系，记为 1∶1。

• 一对多联系（1∶n） 如果对于实体集 A 中的每一个实体，实体集 B 中有 $n(n \geq 0)$ 个实体与之联系，反之，对于实体集 B 中的每一个实体，实体集 A 中至多有一个实体与之联系，则称实体集 A 与实体集 B 有一对多联系，记为 1∶n。

• 多对多联系（$m∶n$） 如果对于实体集 A 中的每一个实体，实体集 B 中有 $n(n \geq 0)$ 个实体与之联系，反之，对于实体集 B 中的每一个实体，实体集 A 中也有 $m(m \geq 0)$ 个实体与之联系，则称实体集 A 与实体集 B 具有多对多联系，记为 $m∶n$。

（2）概念模型的表示方法——E-R 图

概念模型是对信息世界建模，所以概念模型应该方便、准确地表示出信息世界中的常用概念。概念模型的表示方法很多，其中最常用、最著名的是"实体—联系方法（Entity — Relationship Approach）"，简称 E-R 方法。E-R 方法是用 E-R 图来描述现实世界的概念模型，也称为 E-R 模型。实体—联系方法是抽象和描述现实世界的有力工具。用 E-R 图表示的概念模型独立于具体的 DBMS 所支持的数据模型，它是各种数据模型的共同基础，因而比数据模型更一般、更抽象、更接近现实世界。E-R 图的结构及组成如图 2-5 所示，在 E-R 图中，有 4 个基本的成分，分别如下：

• 矩形框：表示实体类型（考虑问题的对象）。

• 菱形框：表示联系类型（实体间的联系）。

• 椭圆形框：表示实体类型和联系类型的属性。

• 连线：实体与属性之间、联系与属性之间用直线连接。

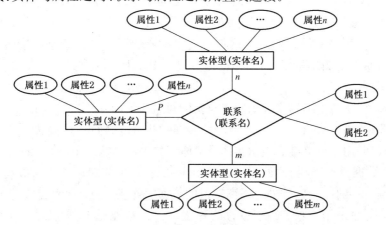

图 2-5　E—R 图的组成及结构

用 E-R 图来表示两个实体型之间的三类联系,如图 2-6 所示。

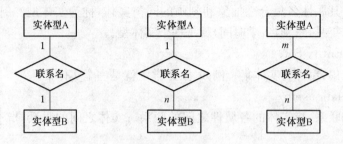

图 2-6 实体型之间联系的 E-R 图

需要注意的是,在 E-R 图中,联系本身也是一种实体类型,也可以有属性。如果一个联系具有属性,则这些属性也要用无向边与该联系连接起来。例如,图 2-7 是学籍管理系统中学生、课程、教师实体以及它们之间的联系的 E-R 图表示结果。

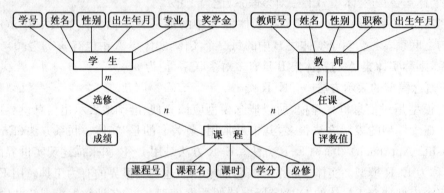

图 2-7 学籍管理系统的 E-R 图

注意:E-R 图中可以使用带有下划线的属性。此时,带有下划线的属性表示该实体的码。作为实体的码的属性应确保唯一性,它们应该是那些能够唯一识别实体的属性。

实体的码不一定是单个属性,也可以是某几个属性的组合。

2) 关系数据模型

概念模型是对现实世界的数据描述,这种数据模型最终是要经过再抽象转换成计算机能实现的数据模型,即需要将概念模型中所描述的实体及实体之间的联系转换成表示数据及数据之间的逻辑联系的结构形式。这种对现实世界的第二次抽象是直接面向数据库的逻辑结构,因此成为逻辑结构模型,简称逻辑模型。在几十年的数据库发展史中,出现了三种重要的逻辑数据模型:

- 层次模型:用树型结构来表示实体及实体间的联系,如早期的 IMS 系统。
- 网状模型:用网状结构来表示实体及实体间的联系,如 DBTG 系统。
- 关系模型:用一组二维表表示实体及实体间的关系,如 Microsoft Access。

在这三种数据模型中,前两种现在已经很少见到了,目前应用最广泛的是关系数据模型。自 20 世纪 80 年代以来,软件开发商提供的数据库管理系统几乎都是支持关系模型的。

关系数据模型采用二维表来表示,简称表。二维表由表框架(Frame)及表的元组

(Tuple)组成。表框架由 n 个命名的属性(Attribute)组成,n 称为属性元数(Arity)。每个属性有一个取值范围,称为值域(Domain)。表框架对应了关系的模式。

在表框架中按行存放数据,每一行数据称为一个元组。实际上,一个元组是由 n 个元组分量所组成,每个元组分量是表框架中每个属性的投影值。一个表框架可以存放 m 个元组,m 称为表的基数(Cardinality)。

一个 n 元表框架及框架内 m 个元组构成了一个完整的二维表。尽管关系与传统的二维表格数据文件具有类似之处,但是它们又有区别,严格地说,关系是一种规范化的二维表格,具有如下性质:

(1) 属性值具有原子性,不可分解。

(2) 没有重复的元组。

(3) 理论上没有行序,但是有时使用时可以有行序。

在关系数据库中,关键码(简称键)是关系模型的一个重要概念,是用来标识行(元组)的一个或几个列(属性)。如果键是唯一的属性,则称为唯一键;反之,由多个属性组成,则称为复合键。

键的主要类型如下:

• 候选键

如果一个属性集能唯一标识元组,且又不含有多余的属性,那么这个属性集称为关系的候选键。

• 主键

如果一个关系中有多个候选键,则选择其中的一个键为关系的主键。用主键可以实现关系定义中"表中任意两行(元组)不能相同"的约束。

• 外键

如果一个关系 R 中包含另一个关系 S 的主键所对应的属性组 F,则称此属性组 F 为关系 R 的外键,并称关系 S 为参照关系,关系 R 是依赖关系。为了表示关联,可以将一个关系的主键作为属性放入另外一个关系中,第二个关系中的那些属性就称为外键。

当出现外键时,主键与外键的列名称可以是不同的,但必须要求它们的值集相同。

3) 关系模型的规范化

(1) 关系的定义和表示方式

所谓关系,就是一张二维表,通常将一个没有重复行、重复列的二维表看成一个关系,每个关系都有一个关系名。例如,在项目"学生图书管理系统"中给出了有关学生信息(S)二维表的一个实例,如表 2-10 所示。

表 2-10　学生信息表

借书证号	姓名	学号	性　别	班级	电话	借书册数
S2006001	张三	20062268	男	07201	12345678	3
S2006002	李四	20062269	男	07201	12345678	2
S2006003	王五	20062301	女	07202	12345679	4
S2006004	赵六	20062309	男	07201	12345678	1
S2006005	钱七	20062403	女	07202	12345679	2

我们也可以使用实体和属性来描述一个关系,这种描述称为关系模式。例如上例可以使用如下形式描述"学生信息"表的关系模式:

学生信息(借书证号,学号,姓名,性别,班级,电话,借书册数)

其中借书证号是主键。

(2) 关系的规范化

关系模型原理的核心内容就是规范化概念,规范化是把数据库组织成在保持存储数据完整性的同时最小化冗余数据的结构的过程。规范化的数据库必须符合关系模型的范式规则。范式可以防止在使用数据库时出现不一致的数据,并防止数据丢失。在关系数据库中的每个关系都需要进行规范化,使之达到一定的规范化程度,从而提高数据的结构化、共享性、一致性和可操作性。

数据库规范化理论是进行数据库设计的理论基础,只有在数据库设计过程中按照规范化理论方法才能够设计出科学合理的数据库逻辑结构和物理结构,避免数据冗余、删除冲突和数据不一致性等问题。构造数据库必须遵循一定的规则,在关系数据库中,这种规则就是范式。

关系模型的范式有第一范式、第二范式、第三范式和 BCNF 范式等多种。在这些定义中,高级范式根据定义属于所有低级的范式。第三范式中的关系属于第二范式,第二范式中的关系属于第一范式。

下面我们简单介绍关系规范化的过程。

① 第一范式

如果关系模式 R 中的所有属性值都是不可再分解的原子值,那么就称此关系 R 是第一范式,记为 R∈1NF。

满足第一范式的关系的最基本的要求是不能表中套表。第一范式是第二和第三范式的基础,是最基本的范式。

在关系型数据库管理系统中,涉及的研究对象都是满足 1NF 的规范化关系,不是 1NF 的关系称为非规范化的关系。例如:下面的"借书信息"表就不满足 1NF。借书信息(借书证号,学号,姓名,图书分类编号(自然科学,社会科学),借书日期)。使用二维表表示如表 2-11 所示。

规范化就是要消除嵌套的表,把嵌套的属性分解或合并。这里把嵌套的自然科学和社会科学两个属性合并为一个属性图书分类编号,这样就满足 1NF 了。

表 2-11 借书信息

借书证号	姓名	学号	图书分类编号		借书日期
			自然科学	社会科学	
S2006001	张三	20062268	20090101	20090201	2009-10-15
S2006002	李四	20062269	20090102	20090202	2009-10-15
S2006003	王五	20062301	20090101	20090201	2009-10-15
S2006004	赵六	20062309	20090102	20090203	2009-10-15
S2006005	钱七	20062403	20090103	20090204	2009-10-15

② 第二范式

第二范式(2NF)规定关系必须在第一范式中,并且关系中的所有属性依赖于整个候选键而不是主键码中的一部分,记为 R∈2NF。

例如:下面的"借书信息"表就不满足 2NF。

借书信息(<u>借书证号</u>,<u>图书编号</u>,借书日期,图书名称)

其中:此表的主键是(借书证号,图书编号)组合主键,非主键图书名称依赖于组合主键中一部分即图书编号,所以它不符合 2NF。

对该表规范化也是把它分解成两个表:"租借信息"表和"图书信息"表,则它们就都满足 2NF 了。

租借信息(<u>借书证号</u>,<u>图书编号</u>,借书日期)

图书信息(<u>图书编号</u>,图书名称)

③ 第三范式

第三范式(3NF)同 2NF 一样依赖于关系的候选键。3NF 除了要满足 2NF 外,任一非主键不能依赖于其他非主键,记为 R∈3NF。

例如:下面的"图书信息"表就不符合 3NF。

图书信息(<u>图书编号</u>,图书名称,图书分类编号,图书分类名称)

其中非主键图书分类名称依赖于另一个非主键图书分类编号,所以它不符合 3 NF。

规范化之后也是将它分解成两个表:"图书信息"表和"图书分类"表,则它们都符合 3NF 了。

图书信息(<u>图书编号</u>,图书名称,图书分类编号,图书分类名称)

图书分类(<u>图书分类编号</u>,图书分类名称)

对于关系的规范化一般达到 3NF 就可以基本上满足数据库设计的消除数据冗余的要求了。如果需要进一步消除数据的插入和删除异常还需要进一步地将关系由 3NF 规范化为满足 BCNF 范式的要求。关于 BCNF 范式的要求可以参考专业的数据库理论知识教材。

4) 关系代数

关系数据库系统的特点之一是它建立在严格的数学理论的基础之上,有很多数学理论可以表示关系模型的数据操作,其中最著名的是关系代数与关系演算。数学上已经证明两者在功能上是等价的。

下面将介绍关于关系数据库的理论——关系代数。

关系代数:用关系代数的运算来表达关系的查询要求和条件。它把关系作为集合并对其施加各种集合运算和特殊的关系运算。

关系代数的运算可分为两类:

• 传统的集合运算:并、交、差、广义笛卡儿积。

• 专门的关系运算:投影、选择、连接、除法。

(1) 传统的集合运算

设关系 R 与 S 具有相同的目(即两个关系都有 n 个属性),且相应的属性取自同一个域,则关系 R 与 S 可以定义并、交、差、广义笛卡儿积运算如下:

① 并运算(Union)

记为 $R \cup S = \{t \mid t \in R \lor t \in S\}$,它由属于 R 或属于 S 的所有元组构成。并运算的

结果仍为 n 目关系。

② 交运算(Intersection)

记为 $R \cap S = \{t \mid t \in R \wedge t \in S\}$，它由既属于 R 又属于 S 的所有元组构成。交运算的结果仍为 n 目关系。

③ 差运算(Difference)

记为 $R - S = \{t \mid t \in R \wedge t \notin S\}$，它由属于 R 但不属于 S 的所有元组构成。差运算的结果仍为 n 目关系。

④ 广义笛卡儿积(Extend Cartesian Product)

设 R 为 m 目关系，S 为 n 目关系，则 R 与 S 的广义笛卡儿积是一个 $(m+n)$ 目的关系，其中的每个元组的前 m 个分量是 R 中的一个元组，后 n 个分量是 S 中的一个元组。若 R 有 k_1 个元组，S 有 k_2 个元组，则 $R \times S$ 有 $(k_1 \times k_2)$ 个元组。

广义笛卡儿积记为：$R \times S = \{\overline{t_r t_s} \mid t_r \in R \wedge t_s \in S\}$。

(2) 专门的关系运算

① 投影运算(Projection)

t 是关系 R 中的一个元组，A 是要从 R 中投影出的属性子集。则关系 R 的投影记为：

$$\Pi_A(R) = \{t[A] \mid t \in R\}$$

【例 2-1】 列出学生情况表 R(表 2-12)的学生姓名和性别的情况，投影运算结果 $S = \Pi_{\text{Sname, Sex}}(R)$，如表 2-13 所示。

表 2-12　学生情况表

SID	Sname	Sex	Birthday	Specialty
2005216001	赵成刚	男	1986 年 5 月	计算机应用
2005216002	李　敬	女	1986 年 1 月	软件技术
2005216003	郭洪亮	男	1986 年 4 月	电子商务
2005216004	吕珊珊	女	1987 年 10 月	计算机网络
2005216005	高全英	女	1987 年 7 月	电子商务
2005216006	郝　莎	女	1985 年 8 月	电子商务
2005216007	张　峰	男	1986 年 9 月	软件技术
2005216111	吴秋娟	女	1986 年 8 月	电子商务

表 2-13　$\Pi_{\text{Sname, Sex}}(R)$

Sname	Sex	Sname	Sex
赵成刚	男	高全英	女
李　敬	女	郝　莎	女
郭洪亮	男	张　峰	男
吕珊珊	女	吴秋娟	女

② 选择运算（Selection）

t 是关系 R 中的一个元组，$F(t)$ 为元组逻辑表达式。则从关系 R 中找出满足条件 $F(t)$ 的那些元组称为选择。

关系 R 上的选择记为：

$$\sigma_{F(t)}(R) = \{t \mid t \in R \wedge F(t) = '真'\}$$

【例 2-2】 在学生情况表（表 2-12）R 中选择出男生，结果如表 2-14 所示。

表 2-14　$\sigma_{Sex='男'}(R)$

SID	Sname	Sex	Birthday	Specialty
2005216001	赵成刚	男	1986 年 5 月	计算机应用
2005216003	郭洪亮	男	1986 年 4 月	电子商务
2005216007	张峰	男	1986 年 9 月	软件技术

③ 连接运算（Join）

连接也称为 θ 连接。设 A、B 分别是关系 R 和 S 中的属性组，关系 R 和 S 的连接记为：

$$R \underset{A\theta B}{\bowtie} S = \{\overline{t_r t_s} \mid t_r \in R \wedge t_s \in S \wedge t_r[A]\theta t_s[B]\}$$

连接运算中最重要也最常用的连接运算有两种：

A. 等值连接（θ 为"="）。按照两关系中对应属性值相等的条件所进行的连接称为等值连接。记为：

$$R \underset{A=B}{\bowtie} S = \{\overline{t_r t_s} \mid t_r \in R \wedge t_s \in S \wedge t_r[A] = t_s[B]\}$$

B. 自然连接 = 等值连接 + 去掉重复的属性，记为：

$$R \bowtie S = \{\overline{t_r t_s} \mid t_r \in R \wedge t_s \in S \wedge t_r[A] = t_s[B]\}$$

【例 2-3】 设学生、选课和课程表如表 2-15、表 2-16、表 2-17 所示。

表 2-15　S

SID	Sname
2005216111	吴秋娟
2005216112	穆金华
2005216115	张欣欣

表 2-16　SC

SID	CID
2005216111	16020010
2005216111	16020013
2005216112	16020014
2005216112	16020010
2005216115	16020011
2005216115	16020014

表 2-17　C

CID	Cname	CID	Cname
16020010	C 语言程序设计	16020015	专业英语
16020011	图像处理	16020016	软件文档的编写
16020012	网页设计	16020017	美工基础
16020013	数据结构	16020018	面向对象程序设计
16020014	数据库原理与应用		

等值连接 S ⋈ SC ⋈ C 的结果如表 2-18 所示。
$_{s.\,sid=sc.\,sid}$　　$_{sc.\,cid=c.\,cid}$

表 2-18　等值连接

S. SID	S. Sname	SC. SID	SC. CID	C. CID	C. Cname
2005216111	吴秋娟	2005216111	16020010	16020010	C 语言程序设计
2005216111	吴秋娟	2005216111	16020013	16020013	数据结构
2005216112	穆金华	2005216112	16020014	16020014	数据库原理与应用
2005216112	穆金华	2005216112	16020010	16020010	C 语言程序设计
2005216115	张欣欣	2005216115	16020011	16020011	图像处理
2005216115	张欣欣	2005216115	16020014	16020014	数据库原理与应用

自然连接 S ⋈ SC ⋈ C 的结果如表 2-19 所示。

表 2-19　自然连接(去掉等值连接表中的重复属性)

SID	Sname	CID	Cname
2005216111	吴秋娟	16020010	C 语言程序设计
2005216111	吴秋娟	16020013	数据结构
2005216112	穆金华	16020014	数据库原理与应用
2005216112	穆金华	16020010	C 语言程序设计
2005216115	张欣欣	16020011	图像处理
2005216115	张欣欣	16020014	数据库原理与应用

2.3.3　关系数据库

1) 关系数据库

所谓关系数据库,是指采用了关系数据模型来组织数据的数据库。关系模型是在 1970 年由 IBM 的研究员 E. F. Codd 博士首先提出,在之后的几十年中,关系模型的概念得到了充分的发展并逐渐成为数据库架构的主流模型。简单来说,关系模型指的就是二维表格模型,而一个关系数据库就是由二维表及其之间的联系组成的一个数据集合。

关系数据库相比其他模型的数据库而言,有着以下优点:

- 容易理解

二维表结构是非常贴近逻辑世界的一个概念,关系模型相对网状、层次等其他模型来说更容易理解。

- 使用方便

通用的 SQL 语言使得操作关系数据库非常方便,程序员甚至于数据管理员可以方便地在逻辑层面操作数据库,而完全不必理解其底层实现。

- 易于维护

丰富的完整性(实体完整性、参照完整性和用户定义的完整性)大大降低了数据冗余和数据不一致的概率。

2) 关系数据库标准语言(SQL)

在关系数据库中普遍使用一种介于关系代数和关系演算之间的数据库操作语言 SQL,SQL 的含义即结构化查询语言(Structured Query Language)。SQL 不仅具有丰富的查询功能,还具有数据定义和数据控制功能,是集查询、DDL(数据定义语言)、DML(数据操纵语言)、DCL(数据控制语言)于一体的关系数据语言。它充分体现了关系数据语言的特点和优点,是关系数据库的标准语言。

SQL 语言之所以能够为用户和业界所接受,成为国际标准,是因为它是一个综合的、通用的、功能极强的、易学易用的语言。其主要特点包括:

(1) 综合统一

数据库的主要功能是通过数据库支持的数据语言来实现的。SQL 语言的核心包括如下数据语言:

① 数据定义语言(Data Definition Language,简称 DDL)。

DDL 用于定义数据库的逻辑结构,是对关系模式一级的定义,包括基本表、视图及索引的定义。

② 数据查询语言(Data Query Language,简称 DQL)。

DQL 用于查询数据。

③ 数据操纵语言(Data Manipulation Language,简称 DML)。

DML 用于对关系模式中的具体数据的增、删、改等操作。

④ 数据控制语言(Data Control Language,简称 DCL)。

DCL 用于数据访问权限控制。

SQL 语言集这些功能于一体,语言风格统一,可以独立完成数据库生命周期中的全部活动,包括定义关系模式、录入数据、查询、更新、维护、数据库重构、数据库安全控制等一系列操作要求,这就为数据库应用系统开发提供了良好的环境。

(2) 高度非过程化

使用 SQL 语言进行数据操作,用户只需提出“做什么”,而不必指明“怎么做”,因此用户无需了解存取路径,存取路径的选择以及 SQL 语句的操作过程由系统自动完成。这不但大大减轻了用户负担,而且有利于提高数据独立性。

(3) 用同一种语法结构提供两种使用方式

SQL 语言既是自含式语言,又是嵌入式语言。在两种方式下,SQL 语言的语法结构基本上是一致的。这种统一的语法结构提供两种不同的使用方式的方法,为用户提供了极大的灵活性与方便性。

（4）语言简洁,易学易用

SQL 语言功能极强,但其语言十分简洁。完成数据定义、数据操纵、数据控制的核心功能只用了 9 个动词:CREATE、DROP、ALTER、SELECT、INSERT、UPDATE、DELETE、GRANT、REVOKE,而且 SQL 语言语法简单,接近英语口语,因此易学易用。

2.4 拓展训练

实验 数据库设计基础

一、实验目的

1. 掌握 E-R 图的画法。

2. 掌握 E-R 图到关系数据模型的转换方法。

3. 判断关系表的范式。

二、实验内容

1. 现设计一个学生成绩管理系统,主要包括两个实体:学生和课程。

2. 完成以下实训内容

（1）画出每个实体(学生和课程)的 E-R 图,并反映两个实体之间的联系,并标出它们的一个码。参考答案如下图。

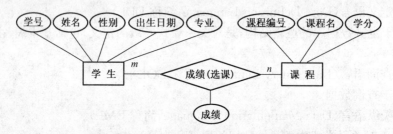

（2）写出每个实体及其联系所对应的关系模式,并标出主键和外键。

学生表(学号,姓名,性别,出生日期,专业)　　　　主键:学号

课程表(课程编号,课程名,学分)　　　　　　　　　主键:课程编号

成绩表(学号,课程编号,成绩)　　　　　　　　　　主键:学号和课程编号

注意:多对多的联系一般要转换为一个新的关系模式,其中包括多对多联系的每个实体的码和新增的属性。

（3）参照例 2-1,列出每个关系模式所对应的二维关系表,并列举一些记录。

（4）判断学生表、课程表和成绩表三个关系表属于第几范式。

2.5　练习题

一、单项选择题

1. 数据库中存储的是(　　)。

A. 数据 　　　　　　　　　　　B. 数据模型

C. 数据之间的联系 　　　　　　D. 数据以及数据之间的联系

2. 在数据库系统中,把可以相互区别的客观事物称为(　　)。

A. 文件 　　　　B. 字段 　　　　C. 实体 　　　　D. 主键

3. 下列四项中,不属于数据库特点的是(　　)。

A. 数据共享 　　　　　　　　　B. 数据完整性

C. 数据冗余很高 　　　　　　　D. 数据独立性高

4. 数据库系统的三级模式中,表达物理数据库的是(　　)。

A. 外模式 　　　　B. 模式 　　　　C. 用户模式 　　　　D. 内模式

5. 数据库的三级模式结构之间存在着两级映像,使得数据库系统具有较高的(　　)。

A. 事务并发性 　　B. 数据可靠性 　　C. 数据独立性 　　D. 数据重用性

6. 具有坚实数学理论基础的数据模型是(　　)。

A. 关系模型 　　B. 层次模型 　　C. 网状模型 　　D. E-R 模型

7. 假设有如下实体和实体之间的联系情况:

Ⅰ. 教师实体与学生实体之间存在一对多的导师联系

Ⅱ. 学生实体与课程实体之间存在多对多的选课联系

Ⅲ. 教师实体与课程实体之间存在一对一的授课联系

则能用层次模型表示的是(　　)。

A. Ⅰ,Ⅱ 　　　　B. Ⅰ,Ⅲ 　　　　C. Ⅱ,Ⅲ 　　　　D. Ⅰ,Ⅱ,Ⅲ

8. DB、DBMS 和 DBS 三者之间的关系是(　　)。

A. DB 包括 DBMS 和 DBS 　　　　B. DBS 包括 DB 和 DBMS

C. DBMS 包括 DB 和 DBS 　　　　D. 不能相互包括

9. 在关系模型中,一个关系就是一个(　　)。

A. 一维数组 　　B. 一维表 　　C. 二维表 　　D. 三维表

10. 数据的正确、有效和相容称为数据的(　　)。

A. 安全性 　　　　B. 一致性 　　　　C. 独立性 　　　　D. 完整性

二、问答题

1. 什么是数据、数据库、数据库管理系统、数据库系统?

2. 说出你所知道的 DBMS。

3. 试述 SQL 语言的特点。

4. 什么是 E-R 图? 构成 E-R 图的基本要素是什么?

5. 某商品销售公司有若干销售部门,每个销售部门有若干员工,销售多种商品,所有商品由一个厂家提供,设计该公司销售系统的 E-R 模型,并将其转换为关系模式。

项目三 → 创建数据库

掌握创建数据库的方法；
掌握修改数据库的方法；
掌握删除数据库的方法；
掌握分离与附加数据库的方法。

3.1 任务描述

（1）在 Management Studio 中使用图形化工具创建数据库。
（2）使用 CREATE DATABASE 语句创建数据库。
（3）在 Management Studio 中使用图形化工具分离和附加数据库。

3.2 解决方案

3.2.1 创建数据库

【操作解析】

数据库是 SQL Server 2008 用以存放数据和数据库对象的容器。在 SQL Server 2008 中，可以使用 SQL Server Management Studio（SSMS）提供的两种工具来创建数据库。一种是使用图形化工具，另一种则是使用 CREATE DATABASE 命令方式创建。由于图形化工具提供了图形化的操作界面，因此操作简单，适合初学者。通过命令方式创建数据库，要求用户掌握基本的语句，适合较高级的用户。

1）使用图形化工具创建数据库

【操作步骤】

（1）单击"开始"菜单 →"程序"→"Microsoft SQL Server"→"SQL Server Management Studio Express"，进入登录界面。

（2）正确输入连接信息，连接到 SQL 服务器。

（3）右键单击"数据库"节点，弹出快捷菜单，选择"创建新的数据库"命令（如图 3-1 所示），出现新建数据库对话框，在数据库名称栏输入"数据库名称"（如图 3-2 所示）。

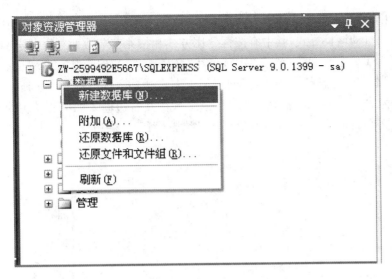

图 3-1　新建数据库界面

图 3-2　创建数据库界面

（4）在创建数据库对话框里有数据库的初始大小、最大容量、增长方式以及存储路径等参数，可以根据实际需求进行设置。这里我们按表 3-1 所示进行设置。

表 3-1　数据和事务日志文件参数表

逻辑名称	文件类型	文件组	初始大小	最大容量	增长方式	文件存放路径
	数据	primary	3 MB	30 MB	10 MB	D:/db/ .mdf
_log	日志		1 MB	10 MB	10%	D:/db/ _log.ldf

单击"自动增长"列的"![...]"按钮,打开"更改的自动增长设置"对话框,在该对话框中可以更改文件的自动增长方式,其中有按百分比方式和按兆字节数两种方式选择。对于数据文件按照表 3-1 要求我们选择"按 MB",在其右边输入"10"作为其文件增长的参数,在"最大文件大小"选项中,选择"限制文件增长(MB)",右边输入 30(如图 3-3 所示)。对于_log日志文件按照表 3-1 要求我们选择"按百分比",在其右边输入"10"作为其文件增长的参数,在"最大文件大小"选项中,选择"限制文件增长(MB)",右边输入 10。

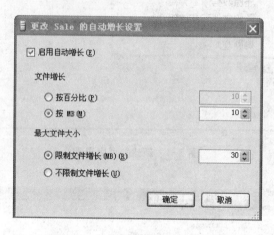

图 3-3　设置增长方式和最大容量

(5) 单击"路径"列的"![...]"按钮,选中"D:/db"文件夹,如图 3-4 所示。这样我们可以将数据文件和事务日志文件存放到指定的文件夹里。

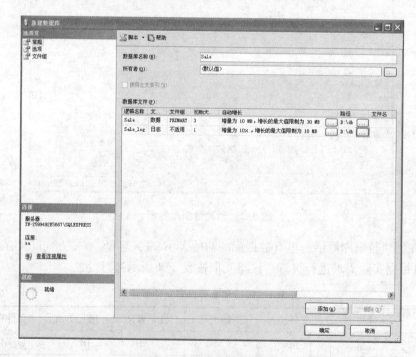

图 3-4　新建数据库窗口

（6）单击"新建数据库"窗口左上角的"选项"，该窗口右边会出现"选项"选项卡，可以用来设置数据库的排序规则、恢复模式、兼容级别等选项。在"排序规则"下拉列表框中选择"Chinese_PRC_CI_AS"，"恢复模式"选择"完整"，如图3-5所示。

图3-5　新建数据库选项卡

（7）在图3-5中单击"确定"按钮，数据库创建成功，在"对象资源管理器"窗口的数据库节点下增加了名为"Sale"的数据库，如图3-6所示。

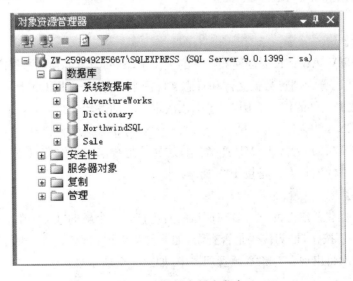

图3-6　数据库创建成功

2）使用 CREATE DATABASE 语句创建数据库

这里要使用 Transact-SQL 语言提供的 CREATE DATABASE 语句创建数据库，数据库中相关参数设置与使用图形化工具创建数据库完全相同。对于经验丰富的编程人员使用这种方法更高效。

```
CREATE DATABASE
ON   PRIMARY
(
NAME=Sale,
   FILENAME='D:\db\. mdf',
   SIZE=3 MB,
   MAXSIZE=30 MB,
   FILEGROWTH=10 MB
)
LOG ON
   (
NAME=_log,
   FILENAME= 'd:\db\_log. ldf',
   SIZE=1 MB,
   MAXSIZE=10 MB,
   FILEGROWTH=10%
)
COLLATE Chinese_PRC_CI_AS
GO
```

【代码分析】

CREATE DATABASE 为创建数据库的关键字，Sale 为所创建的数据库名称。

整段程序代码分为创建数据文件和日志文件两个部分，分别用 ON PRIMARY 和 LOG ON 标识。以数据文件的创建为例，程序中依次定义它的逻辑文件名（NAME）为"Sale"、系统文件名（FILENAME）为"D:\db\. mdf"、文件大小为 3 MB、最大容量为 30 MB，文件增长方式（FILEGROWTH）为按 10 MB 递增。日志文件与数据库文件类似，只是文件的增长方式不同，事务文件的增长方式是按 10%递增。

【执行结果】

单击工具栏上"新建查询"按钮，在窗口的右边打开一个新的"Query1. sql"查询文件，输入代码，单击" ✔ "按钮，检测代码是否有误，如果代码无误再单击" ❗ "执行按钮，刷新数据库，新建的数据库将出现在对象资源管理器中（如图 3-7 所示）。

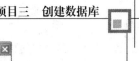

图 3-7 CREATE DATABASE 创建数据库结果界面

3.2.2 分离和附加数据库

分离数据库是指将数据库从 SQL Server 实例中删除,但使数据库在其数据文件和事务日志文件中保持不变。之后,就可以使用这些文件将数据库附加到任何 SQL Server 实例,包括分离该数据库的服务器。下面我们分别介绍这两个步骤的操作细节。

1) 分离数据库

【操作步骤】

(1) 在启动 SSMS 并连接到数据库服务器后,在对象资源管理器中展开服务器节点。在数据库对象下找到需要分离的数据库名称,这里以数据库为例。右键单击数据库,在弹出的快捷菜单中选择属性项(图 3-8),则数据库属性窗口(图 3-9)被打开。

图 3-8 打开数据库属性窗口

（2）在"数据库属性"窗口左边"选择页"下面区域中选定"选项"对象，然后在右边区域的"其他选项"列表中找到"状态"项，单击"限制访问"文本框，在其下拉列表中选择"SINGLE_USER"。

图 3-9　数据库属性窗口

（3）在图 3-9 中单击"确定"按钮后将出现一个消息框，通知我们此操作将关闭所有与这个数据库的连接，是否继续这个操作（图 3-10）。

图 3-10　确认关闭数据库连接窗口

（4）在图 3-10 中单击"Yes"按钮后，数据库名称后面增加显示"单个用户"（图 3-11）。右键单击该数据库名称，在快捷菜单中选择"任务"的二级菜单项"分离"。出现图 3-11 所示的"分离数据库"窗口。

图 3-11　打开分离数据库窗口

（5）在图3-11的分离数据库窗口中列出了我们要分离的数据库名称。请选中"更新统计信息"复选框。若"消息"列中没有显示存在活动连接,则"状态"列显示为"就绪";否则显示"未就绪",此时必须勾选"删除连接"列的复选框(图3-12)。

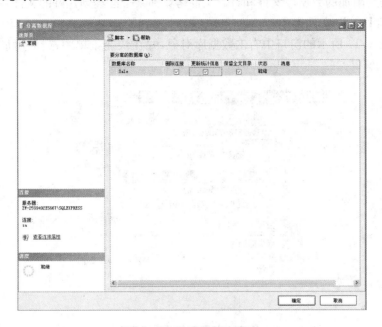

图3-12 分离数据库窗口

（6）分离数据库参数设置完成后,单击图3-12底部的"确定"按钮,就完成了所选数据库的分离操作。这时在对象资源管理器的数据库对象列表中就见不到被分离的数据库了(如图3-13所示)。

图3-13 数据库被分离后的 SSMS 窗口

2）附加数据库

【操作步骤】

（1）将需要附加的数据库文件和日志文件拷贝到某个已经创建好的文件夹中。我们将该文件拷贝到 D:\db 文件夹中。

（2）在图 3-14 所示的窗口中右击数据库对象，并在快捷菜单中选择"附加"命令，打开"附加数据库"窗口。

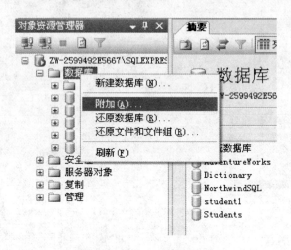

图 3-14　打开附加数据库窗口

（3）在"附加数据库"窗口中，单击页面中间的"添加"按钮，打开定位数据库文件的窗口，在此窗口中定位刚才拷贝到 D:\db 文件夹中的数据库文件目录，选择要附加的数据库文件（后缀为.MDF，如图 3-15）。

图 3-15　定位数据库文件到附加数据库窗口中

（4）单击"确定"按钮就完成了附加数据库文件的设置工作。这时，在附加数据库窗口中列出了需要附加数据库的信息（图 3-16）。如果需要修改附加后的数据库名称，则修改"附加为"文本框中的数据库名称。我们这里均采用默认值，因此，单击"确定"按钮，完成数据库的附加任务。

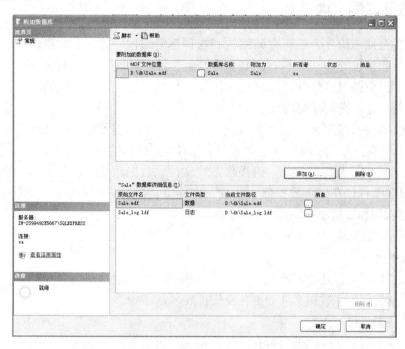

图 3-16 添加附加的数据库后的附加数据库窗口

（5）完成以上操作，我们在 SSMS 的对象资源管理器中就可以看到刚刚附加的数据库（图 3-17）。

图 3-17 已经附加了数据库的 SSMS 窗口

从以上操作可以看出，如果要将某个数据库迁移到同一台计算机的不同 SQL Server 系统中或其他计算机的 SQL Server 系统中，分离和附加数据库的方法是很有用的。

3.3 必备知识

3.3.1 数据库的文件结构

数据库的存储结构分为逻辑存储结构和物理存储结构。数据库的逻辑存储结构指的是数据库的性质信息等。SQL Server 数据库是由表、视图和索引等各种不同的数据库对象所组成,它们分别存储数据库的特定信息,构成了数据库的逻辑存储结构。数据库的物理存储结构则指的是磁盘上存储的数据库文件。

数据库文件由数据库文件和事务日志文件组成,保存在物理介质的 NTFS 分区或者FAT 分区上,它预先分配了将要被数据库和事务日志所使用的物理存储空间。

SQL Server 将数据库映射为一组操作系统文件。数据和日志信息从不混合在相同的文件中,而且各文件仅在一个数据库中使用。文件组是命名的文件集合,用于帮助数据布局和管理任务,例如备份和还原操作。

SQL Server 数据库具有 3 种类型的文件:

- 主数据文件

  主数据文件是数据库的起点,指向数据库中的其他文件。每个数据库都有一个主数据文件。主数据文件的推荐文件扩展名是. mdf。

- 辅助数据文件

  除主数据文件以外的所有其他数据文件都是辅助数据文件。某些数据库可能不含有任何辅助数据文件,而有些数据库则含有多个辅助数据文件。辅助数据文件的推荐文件扩展名是. ndf。

- 日志文件

  一个存储数据库的更新情况等事务日志信息,当数据库损坏时,管理员使用事务日志恢复数据库。每一个数据库至少必须拥有一个事务日志文件,而且允许拥有多个日志文件。事务日志文件的扩展名为. ldf。

在 SQL Server 中,数据库中所有文件的位置都记录在数据库的主文件和 MASTER 数据库中。大多数情况下,数据库引擎使用 MASTER 数据库中的文件位置信息。

一个文件不可以是多个文件组的成员。表、索引和大型对象数据可以与指定的文件组相关联。在这种情况下,它们的所有页将被分配到该文件组,或者对表和索引进行分区。已分区表和索引的数据被分割为单元,每个单元可以放置在数据库中的单独文件组中。

每个数据库中均有一个文件组被指定为默认文件组。如果创建表或索引时未指定文件组,则将假定所有页都从默认文件组分配。一次只能有一个文件组作为默认文件组。

SQL Server 文件可以从它们最初指定的大小开始,随数据的增加而自动增长。在定义文件时,可以指定一个特定的增量。每次填充文件时,其大小均按此增量来增长。如果文件组中有多个文件,则它们在所有文件被填满之前不会自动增长。填满后,这些文件会循环增长。

每个文件还可以指定一个最大值。如果没有指定最大值,文件可以一直增长到用完磁盘上的所有可用空间。如果 SQL Server 作为数据库嵌入某应用程序,而该应用程序的用户无法迅速与系统管理员联系,则此功能就特别有用。用户可以使文件根据需要自动增长,以减轻监视数据库中的可用空间和手动分配额外空间的管理负担。

3.3.2　系统数据库的基市类型

SQL Server 有两类数据库:系统数据库和用户数据库。其中用户数据库是用户根据需要创建的数据库,存放用户自己的数据信息;而系统数据库是 SQL Server 软件安装后就存在的,存放的是系统的基本信息,是系统管理的依据,它们既不能删除,也不能修改。系统数据库具体又可以分为以下几种:

1) MASTER 数据库

MASTER 数据库是 SQL Server 中最重要的数据库,记录了 SQL Server 系统中所有的系统信息,包括登入账户、系统配置和设置、服务器中数据库的名称、相关信息和这些数据库文件的位置,以及 SQL Server 初始化信息等。由于 MASTER 数据库记录了如此多且重要的信息,一旦数据库文件损失或损毁,将对整个 SQL Server 系统的运行造成重大的影响,甚至使得整个系统瘫痪,因此,要经常对 MASTER 数据库进行备份,以便在发生问题时对数据库进行恢复。

2) MODEL 数据库

MODEL 系统数据库是一个模板数据库,可以用作建立数据库的模板。它包含了建立新数据库时所需的基本对象,如系统表、查看表、登录信息等。在系统执行建立新数据库操作时,它会复制这个模板数据库的内容到新的数据库上。由于所有新建立的数据库都是继承这个 MODEL 数据库而来的,因此,如果更改 MODEL 数据库中的内容,如增加对象,则稍后建立的数据库也都会包含该变动。

MODEL 系统数据库是 TEMPDB 数据库的基础。由于每次启动提供 SQL Server 时,系统都会创建 TEMPDB 数据库,所以 MODEL 数据库必须始终存在于 SQL Server 系统中。

3) TEMPDB 数据库

TEMPDB 数据库是存在于 SQL Server 会话期间的一个临时性的数据库。一旦关闭 SQL Server,TEMPDB 数据库保存的内容将自动消失。重新启动 SQL Server 时,系统将重新创建新的、空的 TEMPDB 数据库。

TEMPDB 保存的内容主要包括:

(1) 显示创建临时对象,例如表、存储过程、表变量或游标。

(2) 所有版本的更新记录。

(3) SQL Server 创建的内部工作表。

(4) 创建或重新生成索引时,临时排序的结果。

4) MSDB 数据库

MSDB 系统数据库是提供 "SQL Server 代理服务" 调度警报、作业以及记录操作员时使用。如果不使用这些 SQL Server 代理服务,就不会使用到该系统数据库。

SQL Server 代理服务是 SQL Server 中的一个 Windows 服务,用于运行任何已创建的计划作业。作业是指 SQL Server 中定义的能自动运行的一系列操作。

3.3.3 新建数据库

创建数据库有两种方法，一种是使用 Management Studio 图形化工具，另一种是使用 Transact-SQL 命令的方式。这里我们重点讲解使用 T-SQL 命令创建数据库的方式。

这里总结一下使用 CREATE DATABASE 语句创建数据库的基本语法规则。

```
CREATE DATABASE database_name
[ON
    {[PRIMARY]  (NAME = logical_file_name,
                    FILENAME = 'os_file_name'
                    [, SIZE = size]
                    [, MAXSIZE = { max_size | UNLIMITED } ]
                    [, FILEGROWTH = growth_increment] )
    } [, ... n]
]
[LOG ON
    {  (   NAME = logical_file_name,
                    FILENAME = 'os_file_name'
                    [, SIZE = size]
                    [, MAXSIZE = { max_size | UNLIMITED } ]
                    [, FILEGROWTH = growth_increment] )
    } [, ... n]
]
```

以上代码是使用 Transact-SQL 语言编写的，下面介绍 Transact-SQL 命令的格式含义，如表 3-2 所示。

表 3-2　Transact-SQL 语法格式说明

[ ]	表示是可选的
[, ... n]	表示重复前面的内容
< >	表示在实际编写语句时，用相应的内容替代
{ }	表示是必选的
A|B	表示 A 和 B 只能选择一个，不能同时都选

表 3-3 为 CREATE DATABASE 语句中主要参数说明。

表 3-3　CREATE DATABASE 语句中主要参数的含义

参　数	含　义
database_name	新数据库的名称，数据库名称在服务器中必须唯一，最长为 128 个字符，并且要符合标识符的命名规则。每个服务器管理的数据库最多为 32 767 个

续表 3-3

参　数	含　义
ON	指定显式定义用来存储数据库数据文件
n	占位符,表示可以为新数据库指定多个文件
PRIMARY	用于指定主文件组中的文件。如果不指定 PRIMARY 关键字,则在命令中列出的第一个文件将被默认为主文件
NAME	指定的逻辑文件名
FILENAME	指定的系统文件名
SIZE	指定数据库的初始容量大小。如果没有指定主文件的大小,则 SQL Server 默认其与模板数据库中的主文件大小一致,其他数据库文件和事务日志文件则默认为 1 MB。指定大小的数字 SIZE 可以使用 KB、MB、GB 和 TB 后缀,默认的后缀为 MB。SIZE 中不能使用小数,其最小值为 512 KB,默认值为 1 MB。主文件的 SIZE 不能小于模板数据库中的主文件
MAXSIZE	指定操作系统文件可以增长到的最大尺寸。如果没有指定,则文件可以不断增长直到充满磁盘
FILEGROWTH	指定文件每次增加容量的大小,当指定数据为 0 时,表示文件不增长。增加量可以确定为以 KB、MB 作后缀的字节数或以％作后缀的被增加容量文件的百分比来表示。默认后缀为 MB。如果没有指定 FILEGROWTH,则默认值为 10％,每次扩容的最小值为 64 KB
LOG ON	指定显式定义用来存储数据库日志文件

【例 3-1】　使用 CREATE DATABASE 创建一个 student 数据库,所有参数均取默认值。

【程序分析】

我们可以省略掉有关数据库文件和事务日志文件的代码,其参数便会采取默认值。

【解答】

CREATE DATABASE student

【例 3-2】　创建一个 Student 1 数据库,该数据库的主文件逻辑名称为 Student 1_data,物理文件名为 Student1. mdf,初始大小为 10 MB,最大尺寸为无限大,增长速度为 10％;数据库的日志文件逻辑名称为 Student1_log,物理文件名为 Student1. ldf,初始大小为 1 MB,最大尺寸为 5 MB,增长速度为 1 MB。

【程序分析】

这个数据库中共包括两个文件,扩展名为.mdf 的主数据文件 Student1_data 和扩展名为.ldf 的事务日志文件 Student1_log 分别在 PRIMARY 和 LOG ON 中定义主数据文件和事务日志文件。程序执行后如图 3-18 所示。

【解答】

CREATE DATABASE student1
ON PRIMARY
(
　　NAME＝Student1_data,

```
    FILENAME='D:\db\Student1.mdf',
    SIZE=10 MB,
    FILEGROWTH=10%
)
LOG ON
(
    NAME=Student1_log,
    FILENAME= 'D:\db\Student1.ldf',
    SIZE=1 MB,
    MAXSIZE=5 MB,
    FILEGROWTH=1 MB
)
```

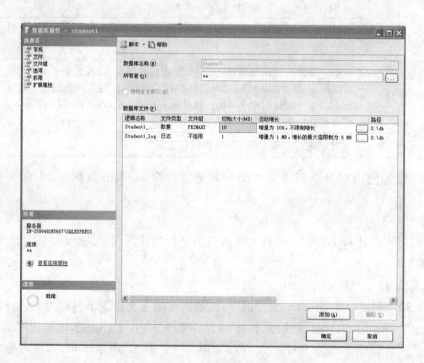

图 3-18　数据库属性

【例 3-3】　创建一个指定多个数据文件和日志文件的数据库。该数据库名称为 Students,有一个 10 MB 和一个 20 MB 的数据文件和两个 10 MB 的事务日志文件。数据文件逻辑名称为 Student1 和 Student2,物理文件名为 Student1.mdf 和 Student2.ndf。主文件是 student1,由 PRIMARY 指定,两个数据文件的最大尺寸分别为无限大和 100 MB,增长速度分别为 10%和 1 MB。事务日志文件的逻辑名为 Studentlog1 和 Studentlog2,物理文件名为 Studentlog1.ldf 和 Studentlog2.ldf,最大尺寸均为 50 MB,文件增长速度为 1 MB。

【程序分析】

这个数据库中共包括四个文件,主数据文件是列表中的第一个文件,并使用 PRIMARY 关键字显式指定。事务日志文件在 LOG ON 关键字后指定。注意 FILENAME 选项中所用的文件扩展名：主数据库文件使用.mdf，辅助数据库文件使用.ndf，事务日志文件使用.ldf。程序执行后如图 3-19 所示。

图 3-19　程序执行结果

【解答】

CREATE DATABASE Students

ON PRIMARY

    (NAME = Student1,

        FILENAME = 'D:\db\Students1.mdf',

        SIZE = 10 MB,

        FILEGROWTH = 10%),

    (NAME = Student2,

    FILENAME = 'D:\db\Student2.ndf',

        SIZE = 20 MB,

        MAXSIZE = 100 MB,

        FILEGROWTH = 1 MB)

LOG ON

    (NAME = Studentlog1,

    FILENAME = 'D:\db\Studentlog1.ldf',

        SIZE = 10 MB,

        MAXSIZE = 50 MB,

$$FILEGROWTH = 1\ MB),$$

$$(NAME = Studentlog2,$$
$$FILENAME = 'D:\db\Studentlog2.ldf',$$
$$SIZE = 10\ MB,$$
$$MAXSIZE = 50\ MB,$$
$$FILEGROWTH = 1\ MB)$$

3.3.4 修改数据库

数据库创建后,如果需要可以通过修改数据库的某些设置来调整数据库的工作方式。更改数据库属性的具体操作如下:

(1) 启动 SQL Server Management Studio,在"对象资源管理器"窗口中展开数据库节点,点击需要修改的数据库"Students",在弹出的快捷菜单中选择"属性"命令。

(2) 在打开的"数据库属性"窗口的"常规"选项卡中显示当前数据库的基本信息,包括数据库的状态、所有者、创建日期、大小、可用空间、用户数及备份和维护等,如图 3-20 所示。需要注意的是,本页面的所有信息在数据库创建完成后均不可修改。

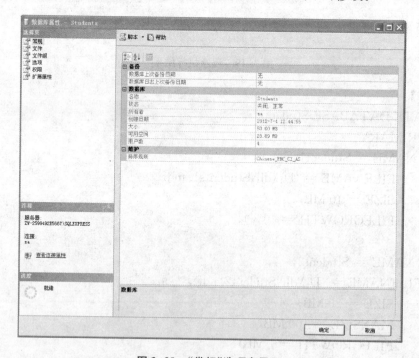

图 3-20 "常规"选项卡界面

(3) "数据库属性"窗口的"文件"选项卡显示当前数据库的文件信息,包括前面创建的数据库数据文件和日志文件的基本内容(存储位置、初始大小等),用户可以根据需要进行修改,如图 3-21 所示。

图 3-21 "文件"选项卡界面

（4）"数据库属性"窗口的"文件组"选项卡显示数据库文件组的信息，用户可以设置是否采用默认值，如图 3-22 所示。

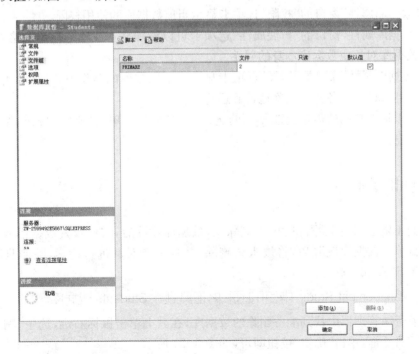

图 3-22 "文件组"选项卡界面

（5）"数据库属性"窗口的"选项"选项卡显示当前数据库的选项信息，包括恢复选项、游标选项、杂项选项、状态选项和自动选项等，如图 3-23 所示。

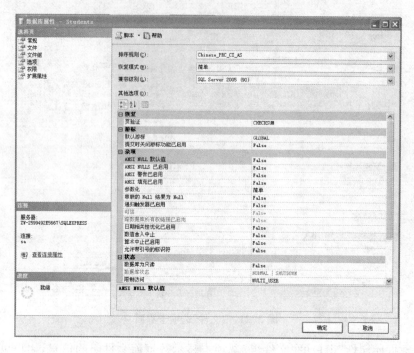

图 3-23 "选项"选项卡界面

（6）"数据库属性"窗口的"权限"选项卡显示当前数据库的使用权限。

（7）"数据库属性"窗口的"扩展属性"选项卡可以添加文本或输入掩码和格式规则，并将其作为数据库对象或数据库本身的属性。

（8）"数据库属性"窗口的"镜像"选项卡显示当前数据库的镜像设置属性，用户可以设置主体服务器和镜像服务器的网络地址和运行方式。

用户可以根据自己的需求更改相应的选项卡内容，最后单击"确定"按钮，保存对数据库修改的信息。

3.3.5 删除数据库

当我们不需要某些数据库时可以删除它，数据库删除后，文件及其数据都从服务器上的磁盘中删除。数据库删除后，将被永久删除，并且不能对其进行检索，除非删除前有备份。不能删除系统数据库。

1) 在 Management Studio 中使用图形化工具删除 Students 数据库

在对象资源管理器中找到准备删除的数据库，在其上单击鼠标右键，选中"删除"，出现"删除对象"对话框，单击"确定"按钮即可，如图 3-24 所示。

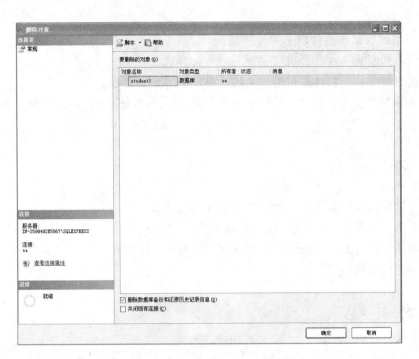

图 3-24　删除对象界面

2）通过 DROP DATABASE 命令删除数据库

语法格式如下：

    DROP DATABASE database_name[,...n]

说明：只有处于正常状态下的数据库才能使用 DROP 语句删除。当数据库处于以下状态时不能被删除：数据库正在使用、数据库正在恢复、数据库包含用于复制的已经出版的对象。可以同时删除多个数据库，数据库间用逗号隔开。

【例 3-4】　删除上节建立的 Students 数据库。

【解答】

    DROP DATABASE Students

【例 3-5】　假设数据库中有 A 和 B 两个数据库，请将它们删除。

【解答】

    DROP DATABASE A,B

3.3.6　分离和附加数据库

分离数据库是将某个数据库从 SQL Server 数据库列表中删除，使其不再被 SQL Server 管理和使用，但该数据库的文件(.MDF)和对应的日志文件(.LDF)完好无损。分离成功后，我们就可以把该数据库文件(.MDF)和对应的日志文件(.LDF)拷贝到其他磁盘中作为备份保存。

附加数据库就是将一个备份磁盘中的数据库文件(.MDF)和对应的日志文件(.LDF)拷贝到需要的计算机，并将其添加到某个 SQL Server 数据库服务器中，由该服务器来管理和使用这个数据库。

分离与附加数据库适合以下两种情况：

(1) 将数据库从一台计算机移动到另一台计算机。

(2) 将数据库从一台计算机的一个磁盘移动到另一个磁盘。

分离与附加数据库可以使用 Management Studio 图形化工具，其具体操作在上节已作介绍。

3.4 拓展训练

(1) 数据库的文件类型有几种？扩展名分别是什么？

(2) 在创建数据库时，如果未指定数据文件、日志文件的容量，系统默认的容量是多少？

(3) 数据库的逻辑存储结构和物理存储结构有什么区别？

(4) 如何删除数据库？

3.5 练习题

1. 请使用 T-SQL 语句创建数据库 Student1，要创建的数据库的要求如下：数据库名称为 Student1，包含 3 个 20 MB 的数据库文件，2 个 10 MB 的日志文件，创建使用一个自定义文件组，主文件为第一个文件，主文件的后缀名为. mdf，辅助文件的后缀名为. ndf；要明确地定义日志文件，日志文件的后缀名为. ldf；自定义文件组包含后两个数据文件，所有的文件都放在目录"D:\DATA"中。

2. 使用 Management Studio 按以下步骤创建 Students 数据库：

(1) 创建教学管理数据库 Students。

(2) 右击数据库，从弹出的快捷菜单中选择"新建数据库"命令。

(3) 输入数据库名称 Students。

(4) 打开"数据文件"选项卡，增加一个文件 Students_Data，初始大小为 2 MB。

(5) 打开"事务日志"选项卡，增加一个日志文件 Students_log，初始大小为 2 MB。

(6) 单击"确定"按钮，开始创建数据库。

(7) 查看创建后的 Students 数据库，查看 Students_Data. mdf、Students_log. ldf 两数据库文件所处的子目录。

(8) 删除该数据库后，利用 T-SQL 语句再建相同要求的该数据库。

3. 请对某用户数据库进行分离与附加操作。

4. 用 T-SQL 语句创建数据库。在 Management Studio 中，打开一个查询窗口，创建数据库 Student2。要求写出相应的 CREATE DATABASE 命令，并执行来创建该数据库。接着再完成以下命令处理要求：

数据库名：	Student2
数据库逻辑文件名：	Student2 _dat
操作系统数据文件名：	D:\ DATA \Student2_dat. mdf
数据文件初始大小：	5 MB

数据文件最大值：	20 MB
文件增长量：	10％
日志逻辑文件名：	Student2_log
操作系统日志文件名：	D:\ DATA \Student2_dat. ldf
日志文件初始大小：	3 MB
日志文件最大值：	10 MB
文件增长量：	1 MB

5. 在 Student2 数据库上单击右键，选择"属性"，打开 Student2 数据库属性对话框，打开"选项"选项卡，将数据库设置成只读。

6. 在 Management Studio 中使用图形化工具删除 Student1 数据库，再使用 DROP DATABASE 命令删除 Student2 数据库。

创建系统中的表

掌握在 SQL Server Management Studio 中使用图形化工具创建表的方法;

掌握使用 CREATE TABLE 语句创建用户表的方法;

掌握为表建立约束的方法。

4.1 任务描述

（1）使用图形化工具创建产品表。

（2）使用 CREATE TABLE 语句创建订单明细表。

（3）使用 CREATE TABLE 语句创建运营商表,并为运货商 ID 列添加主键约束且不允许为空,公司名称列不允许为空。

（4）为订单明细表输入数据。

（5）修改订单明细表的数据。

（6）删除订单明细表的数据。

4.2 解决方案

4.2.1 创建表

【操作解析】

表是由数据记录按照一定的顺序和格式构成的数据集合,包含数据库中所有数据的数据库对象。表中的每一行代表唯一的一条记录,每一列代表记录中的一个域。在 SQL Server 中有两种方法创建表,一种是使用 SQL Server Management Studio 图形化工具,另一种是使用 CREATE TABLE 命令来创建。

1）使用图形化工具创建产品表

【操作步骤】

（1）打开 SQL Server Management Studio,连接到服务器。

（2）在对象资源管理器中展开数据库节点,找到数据库并展开,右键单击"表",在弹出的快捷菜单中选择"新建表"命令,打开表设计器。

（3）按表 4-1 所示的产品表的结构在表设计器中填写表的信息,如图 4-1 所示。

表 4-1　产品表的结构

列　名	数据类型	是否为空
产品 ID	Int	Not null
产品名称	Nvarchar(40)	Not null
供应商 ID	Int	Null
类别 ID	Int	Null
单位数量	Nvarchar(20)	Null
单价	Money	Null
库存量	Smallint	Null
订购量	Smallint	Null
再订购量	Smallint	Null
中止	Bit	Not null

图 4-1　设计产品表

（4）单击工具栏中的"保存"按钮,将出现"选择名称"对话框,输入表的名称"产品",如图 4-2 所示。

图 4-2　保存表

（5）单击"确定"按钮,则在数据库中新建产品表。在"对象资源管理器"窗口中展开数据库下的"表"节点,并展开新建的数据表"产品"的列,可以看到创建的数据表的基本定义,如图 4-3 所示。

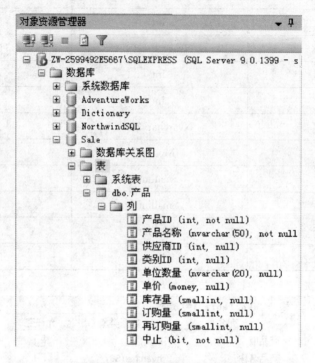

图 4-3　对象资源管理器中的表

2) 使用 CREATE TABLE 命令创建订单明细表

【操作步骤】

(1) 单击工具栏上"新建查询"按钮,将会出现名为"SQLQuery1. sql"的标签页,在工具栏的可选数据库下拉列表中选中"Sale"数据库,如图 4-4 所示。

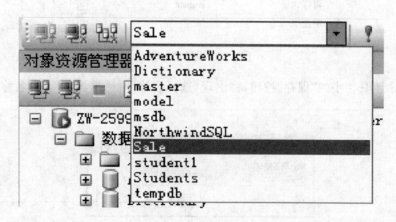

图 4-4　选中数据库

表 4-2 订单明细表的结构

列　名	数据类型	是否为空	备　注
订单 ID	Int	Not null	订单 ID 和产品 ID 为组合主键约束
产品 ID	Nvarchar(40)	Not null	
单价	Money	Not null	
数量	Smallint	Not null	
折扣	Real	Not null	
Upsize_ts	Timestamp	Null	

（2）按表 4-2 中所示结构设计订单明细表，在 SQLQuery1.sql 窗口中输入创建订单明细表的代码如下：

```
USE
CREATE TABLE 订单明细
(
        订单 ID     int    NOT NULL,
        产品 ID     nvarchar(40)      primary key(订单 ID, 产品 ID)    NOT NULL,
        单价        money             NOT NULL,
        数量        smallint          NOT NULL,
        折扣        real              NOT NULL,
        Upsize_ts  timestamp         NULL
)
```

（3）在工具栏上单击"执行"按钮，则执行程序代码，如果代码有误将在"消息"标签页中显示错误信息，用户需要改正程序中的错误后再单击"执行"按钮，如果代码无误将创建"订单明细"表并在"消息"标签页中显示"命令已成功完成"。在"对象资源管理器"中逐级展开数据库的各节点，找到数据库，右键单击"刷新"，可以看到创建的新表订单明细的结构，如图 4-5 所示。

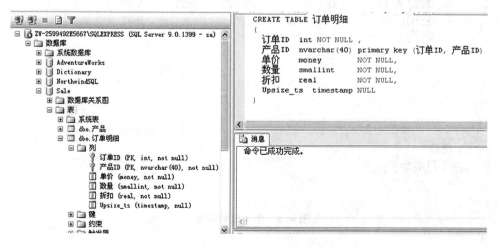

图 4-5 创建订单明细表

3) 创建运营商表并添加约束

要求为运营商 ID 列添加主键约束且不允许为空,公司名称列不允许为空。

(1) 单击工具栏上的"新建查询"按钮,将会出现名为"SQLQuery2.sql"的标签页。

(2) 按表 4-3 中所示结构设计订单明细表。

表 4-3 运营商表的结构

列　名	数据类型	是否为空	是否为主键
运营商 ID	Int	Not null	是
公司名称	Nvarchar(40)	Not null	
电话	Nvarchar(24)	Not null	

在 SQLQuery2. sql 窗口中输入创建订单明细表的代码如下:

```
    USE
CREATE TABLE 运营商
(
    运营商 ID        int            PRIMARY KEY        NOT NULL,
    公司名称          nvarchar(40)                     NOT NULL,
    电话              nvarchar(24)                     NOT NULL,
)
```

(3) 在工具栏上单击"执行"按钮,创建"运营商"表并在"消息"标签页中显示"命令已成功完成"。刷新数据库,可以看到运营商表的结构,如图 4-6 所示。

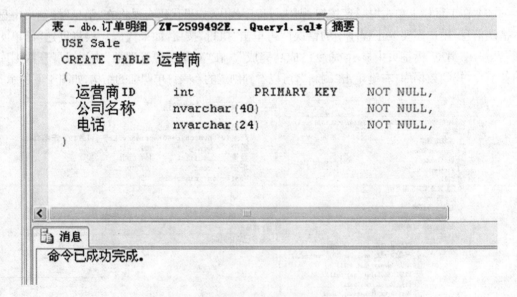

图 4-6　创建运营商表

4.2.2　为订单明细表添加数据

【操作解析】

订单明细表创建成功后,可以为表输入数据行。具体输入数据的方法有两种:使用 SQL Server Management Studio 和使用 INSERT 语句。

1) 使用图形化工具为订单明细表输入数据

【操作步骤】

(1) 打开 SQL Server Management Studio,连接到服务器。

(2) 在对象资源管理器中展开数据库节点,找到数据库并展开,再展开表,选中订单明细表,右键单击,在弹出的快捷菜单中选择"打开表"选项,如图 4-7 所示。

图 4-7　打开订单明细表

(3) 系统显示如图 4-8 所示的界面,此时可以输入数据。

订单ID	产品ID	单价	数量	折扣	upsize_ts
10248	17	14.0000	12	0	<二进制数据>
10248	42	9.8000	10	0	<二进制数据>
10248	72	34.8000	5	0	<二进制数据>
10249	14	18.6000	9	0	<二进制数据>
10249	51	42.4000	40	0	<二进制数据>
10250	41	7.7000	10	0	<二进制数据>
10250	51	42.4000	35	0.15	<二进制数据>
10250	65	16.8000	15	0.15	<二进制数据>

图 4-8　订单明细表数据

(4) 输入数据完毕后,关闭窗口即可。

2）使用 INSERT 语句为订单明细表输入数据

【操作步骤】

（1）单击工具栏上的"新建查询"按钮。

（2）在查询窗口中输入以下代码：

    USE Sale
    INSERT INTO 订单明细
        VALUES(10248,17,14,12,0,NULL)

        INSERT INTO 订单明细(订单 ID，产品 ID，单价，数量，折扣)
        VALUES(10249,42,9.8,10,0)

（3）执行命令，表中将插入 2 条记录，如图 4-9 所示。

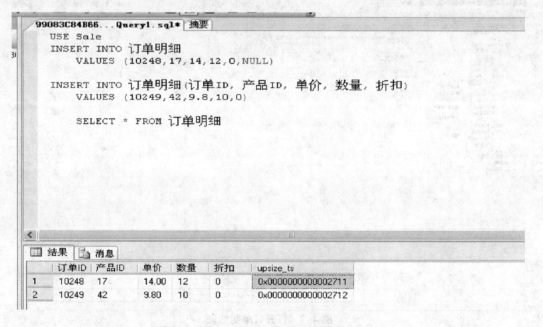

图 4-9 执行 INSERT 语句后的订单明细表

4.2.3 修改订单明细表中的数据

【操作解析】

修改用户表数据的方法有两种：使用 SQL Server Management Studio 和使用 UP-DATE 语句。使用 SQL Server Management Studio 的步骤与前面讲的为表中输入数据类似，只需在要进行修改的地方直接输入更改后的值，这里不再详述。

1）使用 UPDATE 语句将订单明细表中产品 ID 为 17 的值改为 20

【操作步骤】

（1）单击工具栏上的"新建查询"按钮。

（2）在查询窗口中输入以下代码：

update 订单明细

set 产品 ID＝20 where 产品 ID＝17

（3）运行结果如图 4-10 所示。

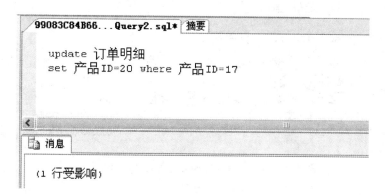

图 4-10　执行 UPDATE 语句后的订单明细表 1

2）将订单明细表中所有产品打 8 折

【操作步骤】

（1）单击工具栏上的"新建查询"按钮。

（2）在查询窗口中输入以下代码：

update 订单明细

set 折扣＝0.8

（3）运行结果如图 4-11 所示。

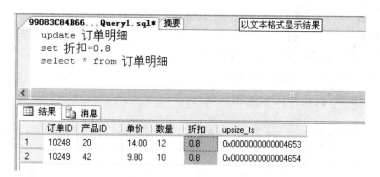

图 4-11　执行 UPDATE 语句后的订单明细表 2

3）计算打折后的单价

【操作步骤】

（1）单击工具栏上的"新建查询"按钮。

（2）在查询窗口中输入以下代码：

update 订单明细

set 单价＝单价 ＊ 折扣

（3）运行结果如图 4-12 所示。

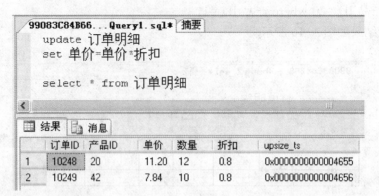

图 4-12　执行 UPDATE 语句后的订单明细表 3

4.2.4　删除订单明细表中的数据

【操作解析】

删除用户表数据的方法有两种：使用 SQL Server Management Studio 和使用 DELETE 语句。

1）使用 SQL Server Management Studio 删除订单明细表中的数据

【操作步骤】

（1）打开 SQL Server Management Studio，连接到服务器。

（2）在对象资源管理器中展开数据库节点，找到数据库并展开，再展开表，选中订单明细表，右键单击，在弹出的快捷菜单中选择"打开表"选项，打开订单明细表。

（3）在订单明细表中找到要删除的行，在该行的最左侧带三角形的单元格上左键单击选中该行，再右键单击该单元格，选中"删除"，如图 4-13 所示。

（4）将出现如图 4-14 所示的对话框。

（5）左键单击"是"按钮即可永久删除该行。

订单ID	产品ID	单价	数量	折扣	upsize_ts
10248	20	11.2000	12	0.8	<二进制数据>
	42	7.8400	10	0.8	<二进制数据>
NULL	NULL	NULL	NULL	NULL	

执行 SQL(X)
剪切(T)
复制(Y)
粘贴(P)
删除(D)
窗格(N)
清除结果(L)

图 4-13　删除订单明细表中数据

图4-14　删除订单明细表中数据提示框

2）使用 DELETE 语句删除订单明细表中的数据

向订单明细表中添加如图 4-15 所示数据。

订单ID	产品ID	单价	数量	折扣	upsize_ts
10248	20	11.2000	12	0.8	<二进制数据>
10249	42	7.8400	10	0.8	<二进制数据>
10249	21	12.0000	5	0.8	<二进制数据>
10250	24	15.0000	10	0.8	<二进制数据>
10251	30	10.0000	15	0.8	<二进制数据>
NULL	NULL	NULL	NULL	NULL	NULL

图4-15　订单明细表中数据

【操作步骤】

删除订单号为 10249 的订单数据：

（1）单击工具栏上的"新建查询"按钮。

（2）在查询窗口中输入以下代码：

DELETE 订单明细

WHERE 订单 ID＝10249

（3）运行结果如图 4-16 所示。

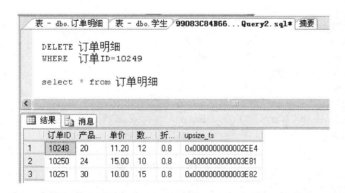

图4-16　删除订单 ID＝10249 后的订单明细表

删除订单表中所有数据：

（1）单击工具栏上的"新建查询"按钮。

（2）在查询窗口中输入以下代码：

DELETE 订单明细

（3）运行结果如图 4-17 所示。

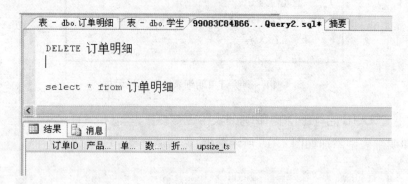

图 4-17　删除所有数据的订单明细表

4.3　必备知识

4.3.1　设计表原则

当创建了数据库之后，下一步就需要设计数据库对象。SQL Server 能够创建多种数据库对象，如表、索引、视图、存储过程、游标、触发器等。本节将对表的创建进行详细介绍。

表是包含数据库中所有数据的数据库对象，表定义为列的集合，与电子表格相似，数据在表中是按行和列的格式组织排列的。每行代表唯一的一条记录，而每列代表记录中的一个域。例如，数据库中的订单明细表结构如图 4-18 所示。

订单ID	产品ID	单价	数量	折扣
10248	17	14.0000	12	0
10248	42	9.8000	10	0
10248	72	34.8000	5	0
10249	14	18.6000	9	0
10249	51	42.4000	40	0
10250	41	7.7000	10	0
10250	51	42.4000	35	0.15
10250	65	16.8000	15	0.15
10251	22	16.8000	6	0.05
10251	57	15.6000	15	0.05

图 4-18　订单明细表

设计数据库时，应先确定需要什么样的表，各表中都有哪些数据以及各个表的存取权限等等。在创建和操作表的过程中，应对表进行更为细致的设计。创建一个表最有效的方法是将表中所需的信息一次定义完成，包括数据约束和附加成分。也可以先创建一个基础表，向其中添加一些数据并使用一段时间。这种方法可以在添加各种约束、索引、默认设置、规则和其他对象形成最终设计之前，发现哪些事务最常用，哪些数据经常输入。

最好在创建表及其对象时预先将设计写在纸上,设计时应注意:

(1) 表所包含的数据的类型。

(2) 表的各列及每一列的数据类型(如果必要,还应注意列宽)。

(3) 哪些列允许空值。

(4) 是否要使用以及何时使用约束、默认设置或规则。

(5) 所需索引的类型,哪里需要索引,哪些列是主键,哪些是外键。

当设计完成数据表之后,可以采用多种方式创建数据表,如在 SQL Server Management Studio 中使用图形界面创建数据库表,或者执行 Transact-SQL 语句创建数据库表。

表的每一列都有一组属性,如名称、数据类型和数据长度等。列的所有属性构成列的定义。可以使用数据库关系图在数据库表中直接指定列的属性。在数据库中创建表之前列应具备三个属性:列名、数据类型和数据长度。

4.3.2 表中列的数据类型

SQL Server 2008 实行强制数据完整性,系统、别名和用户定义类型可用于强制数据完整性,输入或者更改的数据必须符合 CREATE TABLE 语句中指定的类型。比如,不能在 Datetime 的列中存储姓名,因为 Datetime 列只接受日期类型的值。通常将数值数据存储在数字列中。

选择数据类型时应遵循以下规则:

(1) 如果列的长度可变,使用变长数据类型。

(2) 对于数值数据类型,根据数值大小和所需要的精度选择相应数据类型。

(3) 如果存储量超过 8 000 字节,使用 Text、Image、Nvarchar(MAX) 或者 Varchar(MAX)。

(4) 对于货币数据,使用 Money 数据类型。

(5) Float 或 Real 数据类型的列不要作为主键。

4.3.3 强制数据完整性

创建表要求标识列的有效值,并确定强制列中数据完整性的方式。SQL Server 提供了下列机制来强制列中数据的完整性:PRIMARY KEY 约束、UNIQUE 约束、FOREIGN KEY 约束、CHECK 约束、DEFAULT 定义、NOT NULL 约束。

1) PRIMARY KEY 约束

表通常具有包含唯一标识表中每一行的值的一列或多列。这样的一列或多列称为表的主键(PK),用于强制表的实体完整性。在创建或修改表时,可以通过定义 PRIMARY KEY 约束来创建主键。

一个表只能有一个 PRIMARY KEY 约束,并且 PRIMARY KEY 约束中的列不能接受空值。由于 PRIMARY KEY 约束可保证数据的唯一性,因此经常对标识列定义这种约束,如图 4-19 所示。

主键

运货商ID	公司名称	电话
1	中通快递	(010) 85559831
2	韵达包裹	(010) 85553199
3	顺风货运	(010) 85559931
NULL	NULL	NULL

图 4-19　运货商表中的主键

如果对多列定义了 PRIMARY KEY 约束,则一列中的值可能会重复,但来自 PRIMARY KEY 约束定义中所有列的任何值组合必须唯一。如图 4-20 所示,订单明细表中的订单 ID 和产品 ID 列构成了针对此表的复合 PRIMARY KEY 约束。这确保了订单 ID 和产品 ID 的组合是唯一的。

主键

订单ID	产品ID	单价	数量	折扣
10248	17	14.0000	12	0
10248	42	9.8000	10	0
10248	72	34.8000	5	0
10249	14	18.6000	9	0

图 4-20　订单明细表中的组合主键

2) UNIQUE 约束

可以使用 UNIQUE 约束确保在非主键列中不输入重复的值。尽管 UNIQUE 约束和 PRIMARY KEY 约束都强制唯一性,但想要强制一列或多列组合(不是主键)的唯一性时应使用 UNIQUE 约束而不是 PRIMARY KEY 约束。

可以对一个表定义多个 UNIQUE 约束,但只能定义一个 PRIMARY KEY 约束。而且,UNIQUE 约束允许空值,这一点与 PRIMARY KEY 约束不同。不过,当与参与 UNIQUE 约束的任何值一起使用时,每列只允许一个空值。FOREIGN KEY 约束可以引用 UNIQUE 约束。

3) FOREIGN KEY 约束

外键(FOREIGN KEY)是用于建立和加强两个表数据之间的链接的一列或多列。当创建或修改表时可通过定义 FOREIGN KEY 约束来创建外键。

在外键引用中,当一个表的列引用另一个表的主键值的列时,就在两表之间创建了引用链接。这个列就成为该表的外键。

如图 4-21 所示,因为产品和供应商、类别之间存在一种逻辑关系,所以数据库中的产品表含有一个指向供应商表和类别表的引用链接。产品表中的供应商 ID 列和供应商表中的主键相对应,这样约束产品表的供应商 ID 列的值必须来自于供应商表的供应商 ID 列。产品表与类别表关系类似于产品表和供应商表。

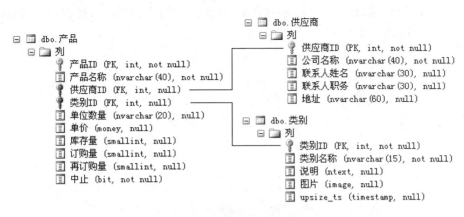

图 4-21　产品表中外键

FOREIGN KEY 约束并不仅仅可以与另一张表的 PRIMARY KEY 约束相链接,它还可以与另一张表的 UNIQUE 约束相链接。

4）CHECK 约束

通过限制列可接受的值,CHECK 约束可以强制域的完整性。此类约束类似于 FOR-EIGN KEY 约束,因为可以控制放入列中的值。但是,它们在确定有效值的方式上有所不同:FOREIGN KEY 约束从其他表获得有效值列表,而 CHECK 约束通过不基于其他列中的数据的逻辑表达式确定有效值。例如,可以通过创建 CHECK 约束将单价列中值的范围限制为从 0 到 1000 之间的数据。这将防止输入的单价值超出 1000。

可以通过任何基于逻辑运算符返回 TRUE 或 FALSE 的逻辑（布尔）表达式创建 CHECK 约束。对于上面的示例,逻辑表达式为:单价＞＝0 AND 单价＜＝1000。可以将多个 CHECK 约束应用于单个列。

5）DEFAULT 定义

DEFAULT 约束用于向列中插入默认值。如果没有规定其他的值,那么会将默认值添加到所有的新记录。

6）NOT NULL 约束

NOT NULL 约束强制列不接受 NULL 值。

NOT NULL 约束强制字段始终包含值。这意味着如果不向字段添加值,就无法插入新记录或者更新记录。

4.3.4　创建和使用表

SQL Server 提供了两种方法创建数据库表,一种方法是利用 Management Studio 可视化工具创建表,另一种方法是利用 T-SQL 语句中的 CREATE TABLE 命令创建表。

1）利用 Management Studio 创建表

在 Management Studio 中,对象资源管理器先连接到相应运行着的某 SQL Server 服务器实例,展开"数据库"节点,再展开某数据库,选中"表"节点,单击鼠标右键,从弹出的快捷菜单中选择"新建表"菜单项,就会出现新建表对话框（如图 4-22 所示）,在该对话框中,可以定义列名称、列类型、长度、精度、小数位数、是否允许为空、默认值、标识列、标识列的初始值、标识列的增量值等。

图 4-22　创建表结构对话框

在出现新建表对话框的同时,主菜单中出现"表设计器"菜单和出现"表设计器"工具栏。如图 4-23 所示,这些菜单项与工具按钮都是表结构设计时可直接操作与管理的。例如图 4-23 中在设计产品 ID 列时单击了"设置主键"按钮,产品 ID 列被设置成主键。

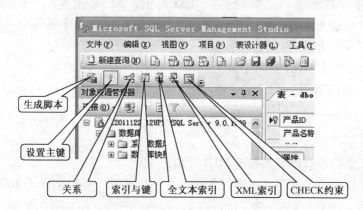

图 4-23　表设计器菜单与表设计器工具栏

2）利用 CREATE TABLE 命令创建表

使用 CREATE TABLE 创建表的语法如下:

CREATE TABLE [[数据库名.]表所有者.]表名

（列名 列的属性 [,...n]）

其中,列的属性包括列的数据类型、是否为空、列的约束等。

【例 4-1】　使用 CREATE TABLE 语句定义一张学生表,学生表结构如表 4-4 所示。

表 4-4　学生表

列名	数据类型
学号	Int
姓名	Char(10)
性别	Char(10)
出生日期	Datetime
宿舍号	Int

【解答】

CREATE TABLE 学生

(

　　学号　　　　int,

　　姓名　　　　char(10),

　　性别　　　　char(10),

　　出生日期　　datetime,

　　宿舍号　　　int

)

(2) 对计算列使用表达式

下例显示如何使用表达式((low ＋ high)/2) 计算 myavg 计算列。

create tablf mytable

(

　　low int,

　　high int,

　　myavg as(low ＋ high)/2

)

说明：该例子使用了格式 column_name AS computed_column_expression，在这里，myavg 是一个虚拟列。

4.3.5　约束的应用

约束(Constraint)是 Microsoft SQL Server 提供的自动保持数据库完整性的一种方法，定义了可输入表或表的单个列中的数据的限制条件。在 SQL Server 中有 5 种约束：主关键字约束(Primary Key Constraint)、唯一性约束(Unique Constraint)、检查约束(Check Constraint)、缺省约束(Default Constraint)和外关键字约束(Foreign Key Constraint)。

1) 主关键字约束

主关键字约束指定表的一列或几列的组合的值在表中具有唯一性，即能唯一地指定一行记录。每个表中只能有一列被指定为主关键字，且 IMAGE 和 TEXT 类型的列不能被指定为主关键字，也不允许指定主关键字列有 NULL 属性。

定义主关键字约束的语法如下：

[CONSTRAINT constraint_name]

PRIMARY KEY [CLUSTERED | NONCLUSTERED]

(column_name1[, column_name2,...,column_name16])

各参数说明如下：

constraint_name 指定约束的名称。约束的名称在数据库中应是唯一的。如果不指定，则系统会自动生成一个约束名。

CLUSTERED | NONCLUSTERED 指定索引类别，CLUSTERED 为缺省值。

column_name 指定组成主关键字的列名。主关键字最多由 16 个列组成。

【例 4-2】 创建一个产品信息表，以产品编号和名称为主关键字。

【解答】

```
create table products(
    p_id char(8) not null,
    p_name char(10) not null constraint pk_p_id primary key(p_id, p_name),
    price money default 0.01,
    quantity smallint null
)
```

2) 唯一性约束

唯一性约束指定一个或多个列的组合的值具有唯一性，以防止在列中输入重复的值。唯一性约束指定的列可以有 NULL 属性。由于主关键字值是具有唯一性的，因此主关键字列不能再设定唯一性约束。唯一性约束最多由 16 个列组成。

定义唯一性约束的语法如下：

[CONSTRAINT constraint_name]

UNIQUE [CLUSTERED | NONCLUSTERED]

(column_name1[, column_name2,...,column_name16])

【例 4-3】 定义一个员工信息表，其中员工的编号为主键，身份证号具有唯一性。

【解答】

```
create table employees
(
    emp_id char(8) constraint pk_emp_id primary key,
    emp_name char(10),
    emp_cardid char(18) constraint uk_emp_cardid unique
)
```

3) 检查约束

检查约束对输入列或整个表中的值设置检查条件，以限制输入值，保证数据库的数据完整性。可以对每个列设置检查约束。

定义检查约束的语法如下：

[CONSTRAINT constraint_name]

CHECK(logical_expression)

参数说明如下：

logical_expression 指定逻辑条件表达式返回值为 TRUE 或 FALSE。

【例 4-4】　创建一个订货表,其中订货量必须不小于 10。

【解答】

```
create table orders
(
        order_id char(8) constraint pk_order_id primary key,
        p_id char(8),
        p_name char(10),
        quantity int constraint chk_quantity check(quantity>=10)
)
```

注意:对计算列不能作除检查约束外的任何约束。

4) 缺省约束

缺省约束通过定义列的缺省值或使用数据库的缺省值对象绑定表的列,来指定列的缺省值。SQL Server 推荐使用缺省约束,而不使用定义缺省值的方式来指定列的缺省值。

定义缺省约束的语法如下:

```
[CONSTRAINT constraint_name]
DEFAULT constant_expression [FOR column_name]
```

【例 4-5】　定义一个员工信息表,其中员工的编号为主键,身份证号具有唯一性,性别默认值设置为 male。

【解答】

```
create table emp
(
        emp_idchar(8)              constraint pk_e_id primary key,
        emp_namechar(10),
        emp_cardidchar(18)         constraint uk_e_cardid unique,
        emp_genderchar(8)          constraint de_e_gender default 'male'
)
```

5) 外关键字约束

外关键字约束定义了表之间的关系。当一个表中的一个列或多个列的组合和其他表中的主关键字定义相同时,就可以将这些列或列的组合定义为外关键字,并设定它适合与哪个表中哪些列相关联。这样,当定义主关键字约束的表中更新列值时其他表中有与之相关联的外关键字约束的表中的外关键字列也将被相应地做相同的更新。外关键字约束的作用还体现在,当向含有外关键字的表插入数据时,如果与之相关联的表的列中无与插入的外关键字列值相同的值时,系统会拒绝插入数据。与主关键字相同,不能使用一个定义为 TEXT 或 IMAGE 数据类型的列创建外关键字。外关键字最多由 16 个列组成。

定义外关键字约束的语法如下:

```
[CONSTRAINT constraint_name]
FOREIGN KEY(column_name1[, column_name2,...,column_name16])
REFERENCES ref_table [(ref_column1[,ref_column2,..., ref_column16])]
```

各参数说明如下：

REFERENCES 指定要建立关联的表的信息。

ref_table 指定要建立关联的表的名称。

ref_column 指定要建立关联的表中的相关列的名称。

【例 4-6】 创建一个订货表，与前面创建的产品信息表相关联。

【解答】

```
create table myorders
(
        order_idchar(8)        primary key,
        p_idchar(8),
        p_namechar(10),
        foreign key(p_id, p_name) references products(p_id, p_name)
)
```

注意：临时表不能指定外关键字约束。

4.3.6 使用表

1）添加数据

使用 INSERT 语句为表中添加数据的简单语法如下：

```
INSERT〔INTO〕
Table_name〔column_list〕
VALUES(｛expression｜null｜default｝,〔, ... ,n〕)
```

列表 column_list 中给出的列的个数必须与 VALUES 子句中给出的值的个数相同；VALUES 子句中给出的数据类型必须与列的数据类型相对应。

【例 4-7】 使用 VALUES 子句为学生表插入一行数据，学号为 01 号，姓名陈练，性别男，出生日期 1992 年 3 月 12 日，宿舍号 602。

【解答】

```
USE student
INSERT INTO 学生(学号,姓名,性别,出生日期,宿舍号)
VALUES(01,'陈练','男','1992-03-12',602)
```

运行结果如图 4-24 所示。

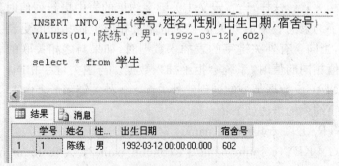

图 4-24 插入一行数据运行结果图

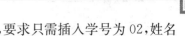

【例 4-8】 使用 VALUES 子句为学生表插入一行数据,要求只需插入学号为 02,姓名为陈宜涛,性别为男。

【解答】

    INSERT INTO 学生(学号,姓名,性别)

    VALUES(02,'陈宜涛','男')

运行结果如图 4-25 所示。

图 4-25 插入一行中部分数据运行结果图

【例 4-9】 使用 VALUES 子句为学生表插入一行数据,学号为 03 号,姓名陈秋萍,性别女,出生日期 1992 年 7 月 8 日,宿舍号 302。

【解答】

    INSERT INTO 学生

    VALUES(03,'陈秋萍','女','1992-07-08',302)

运行结果如图 4-26 所示。

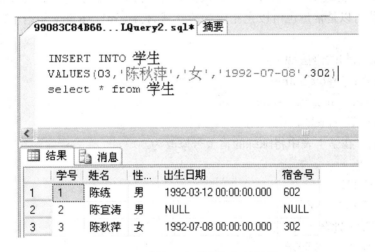

图 4-26 插入一行数据运行结果图

【例 4-10】 使用 VALUES 子句为学生表插入一行数据,学号为 04 号,姓名杜巍巍,性别女,宿舍号 302。

【解答】

    INSERT INTO 学生

    VALUES(04,'杜巍巍','女',null,302)

运行结果如图 4-27 所示。

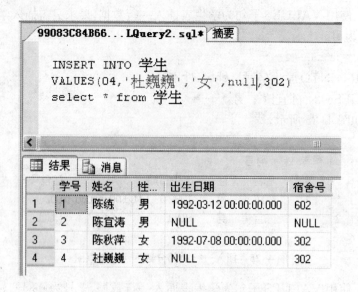

图 4-27 插入一行数据运行结果图

2) 修改数据

UPDATE 语句用来修改表中已经存在的数据。UPDATE 语句一次可以修改一行数据，也可以一次修改多行数据，甚至可以一次修改表中的全部数据行。

在 UPDATE 关键字的后面给出要修改的表名，使用 SET 子句给出要修改的列名和修改后的值，该值可以是常量也可以是指定的表达式，使用 WHERE 子句给出对哪些数据行进行修改。

UPDATE 语句的语法如下：

UPDATE table_name

SET column_name＝expression

WHERE search_condition

【例 4-11】 在学生表中将陈练的宿舍号修改为 605。

【解答】

UPDATE 学生

SET 宿舍号＝605

WHERE 姓名＝'陈练'

运行结果如图 4-28 所示。

3) 删除用户表的数据

DELETE 语句用来从表中删除数据，一次可以删除一行数据也可以删除多行数据。

DELETE 语句的简化语法如下：

DELETE table_name

WHERE search_condition

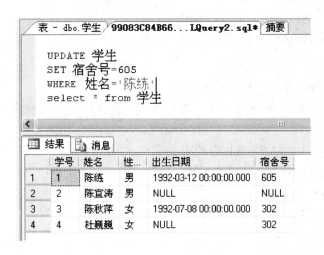

图 4-28　修改数据运行结果图

【例 4-12】　在学生表中删除陈练的信息。

【解答】

　　DELETE 学生

　　WHERE 姓名＝'陈练'

运行结果如图 4-29 所示。

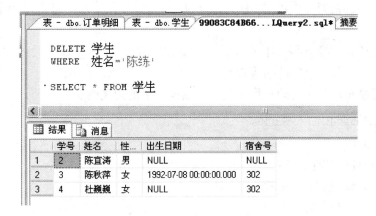

图 4-29　删除数据运行结果图

【例 4-13】　在学生表中删除所有数据。

【解答】

　　DELETE 学生

4.4　拓展训练

一、实验目的

(1) 掌握数据库约束的概念。

（2）熟悉 SQL Server 的完整性约束技术。

（3）了解 SQL Server 的违反完整性处理措施。

二、实验准备

（1）了解数据库完整性约束的基本概述。

（2）了解 MS SQL Server 完整性约束技术，包括实体完整性、域完整性、引用完整性、用户定义完整性。

（3）了解主键（PRIMARY KEY）约束。

（4）了解外键（FOREIGN KEY）约束。

（5）了解唯一性（UNIQUE）约束。

（6）了解检查（CHECK）约束。

（7）了解 DEFAULT 约束。

（8）了解允许空值约束。

三、实验要求

（1）在实验之前做好准备。

（2）实验之后提交实验报告，并验收实验结果。

四、实验内容

实验中涉及两张表：部门表、职工表。

部门表包括部门号、名称、经理名、地址、电话号以及一个部门号主键约束和一个名称的唯一性约束。

职工表包括职工号、姓名、年龄、职务、工资、部门号以及一个职工号的主键约束、一个部门号的外键约束和一个年龄的检查约束。

本实验通过对这两张表的操作来验证数据库约束的相关概念。

1）建立数据库和相关表结构

```
use qixin
drop table 职工
drop table 部门
create table 部门
(
部门号      char(4) constraint PK_部门号 primary key,
名称        varchar(20) not null constraint U_名称      unique(名称),
经理名      varchar(8),
地址        varchar(50),
电话号      varchar(20)
)
create table 职工
(
职工号      char(4) constraint PK_职工号   primary key,
```

姓名　　　　　varchar(8) not null,

年龄　　　　　int constraint CK_年龄　　　check(年龄<=60),

职务　　　　　varchar(10),

工资　　　　　money,

部门号　　　　char(4) constraint FK_部门号　foreign key(部门号)　references 部门(部门号)

（部门号）

)

2）验证主键（PRIMARY KEY）约束

insert into 部门 values('0001','财务科','张三','无锡工艺职业技术学院','8238787')

如果再次 insert into 部门 values('0001','财务科','张三','无锡工艺职业技术学院','8238787')，则会违反 PRIMARY KEY 约束 'PK_部门_571DF1D5'。不能在对象 '部门'中插入重复键。

3）验证唯一性（UNIQUE）约束

如果执行 insert into 部门 values('0002','财务科','张三','无锡工艺职业技术学院','8238787')则会违反 UNIQUE KEY 约束 'UQ_部门_5812160E'。不能在对象 '部门'中插入重复键。

4）验证检查（CHECK）约束

insert into 部门 values('0002','教务科','李四','无锡工艺职业技术学院','8238787')

insert into 部门 values('0003','人事科','王二','无锡工艺职业技术学院','8238787')

insert into 职工 values('0001','张利','30','科长',2000,'0001')

insert into 职工 values('0002','李红','25','副科长',1500,'0001')

insert into 职工 values('0003','王强','33','科长',2000,'0002')

insert into 职工 values('0004','赵东','34','副科长',1500,'0002')

insert into 职工 values('0005','陈三','29','科长',2000,'0003')

insert into 职工 values('0006','孙波','28','副科长',1500,'0003')

如果执行 insert into 职工 values('0007','陈红','70','副科长',1500,'0003')，则 INSERT 语句会与 COLUMN CHECK 约束 'CK_职工_年龄_656C112C'冲突。该冲突发生于数据库 'qixin'，表 '职工'，column '年龄'。

5）验证外键（FOREIGN）约束

当指定 on delete cascade 时为级联删除,删除部门表记录时,职工表中相关的记录也会同时删除：

　　　　delete from 部门 where 部门号='0001'

　　　　delete from 部门 where 部门号='0002'

　　　　delete from 部门 where 部门号='0003'

如果不指定 on delete cascade 时默认为受限删除,删除部门表记录时,则 DELETE 语句会与 COLUMN REFERENCE 约束 'FK_职工_部门号_6D0D32F4'冲突。该冲突发生于数据库 'qixin',表 '职工',column '部门号'。

4.5 练习题

1. 创建学生课程数据库,其中包括三张表:

学生表 Student 由学号(Sno)、姓名(Sname)、性别(Ssex)、年龄(Sage)、所在系(Sdept)五个属性组成,记为 Student(Sno,Sname,Ssex,Sage,Sdept),Sno 为关键字。

课程表 Course 由课程号(Cno)、课程名(Cname)、选修课号(Cpno)、学分(Ccredit)四个属性组成,记为 Course(Cno,Cname,Cpno,Ccredit),Cno 为关键字,且检查输入的学分必须大于零。

成绩表 SG 由学号(Sno)、课程号(Cno)、成绩(Grade)三个属性组成,记为 SG(Sno,Cno,Grade),(Sno,Cno)为关键字。

2. 使用 INSERT 语句分别为三张表输入数据。

3. 将成绩表中的成绩的值全部设置为 0。

4. 删除学生表的第一条记录。

项目五

数据查询

学习目标 ▶▶▶

会利用 SELECT 语句进行简单查询；

能够对表中数据进行计算、汇总、排序等；

能够利用 SELECT 语句进行多表联接查询；

能够使用子查询。

5.1 任务描述

(1) 查询雇员表中的若干列、若干行,查询信息的排序显示。

(2) 使用 LIKE 子句实现模糊查询,使用函数查找联系人姓"王"的基本信息。

(3) 统计查询各类别产品的个数。

(4) 统计各运货商的最高运货费、最低运货费和平均运货费。

(5) 查询成交了 100 个以上(包括 100 个)订单的雇员 ID。

(6) 查询客户联系人为张英的所有订单的运货费。

(7) 查询运货商为"1"的客户公司的名称和运货费。

(8) 查询运货公司名称为"联邦货运"的客户公司名称和运货费,并按运货费降序排列。

(9) 查询和"东南实业"同一城市的客户信息。

(10) 查询比类别为"2"所有产品单价都高的其他类别的产品 ID 和产品名称。

(11) 查询公司在北京的供应商供应的产品 ID 和产品名称。

(12) 查询运货商为"1"的客户公司名称和联系人姓名。

5.2 解决方案

5.2.1 用 SQL 语句进行简单查询

1) 查询雇员表中的若干列

【任务分析】

查询信息是数据库的基本功能之一,通常可以使用 SELECT 语句来完成查询操作。本任务要完成对雇员表的若干列的查询,这里的若干列既可以是全部列,也可以是部分列,还可以是一些列组合成的结果集。因此该任务可分为下面几个子任务:

（1）查询雇员表中雇员的姓氏、名字和家庭电话。

（2）查询雇员表中的所有雇员的信息。

（3）使用列的别名查询雇员表中雇员的姓名和年龄。

完成这些任务可以用简单的 SELECT 语句（包括 SELECT 子句和 FROM 子句），其格式为：

      SELECT 列名列表

      FROM 表名

（1）查询雇员表中雇员的姓氏、名字和家庭电话

【程序代码】

      use sale

      go

      select 姓氏,名字,家庭电话

      from 雇员

      go

【程序说明】

程序中首先用 use sale 语句打开订货管理数据库 sale，任务中要查询的是雇员的姓氏、名字和家庭电话，对应表雇员中的三个相应字段，因此分别在 select 子句中依次列出要查询的字段（字段间用逗号加以分隔）。from 子句指明数据来源于哪张数据表或视图，此处来自表雇员。

【执行结果】

执行上述代码，在查询结果集中将只显示姓氏、名字、家庭电话三个字段，如图 5-1 所示。

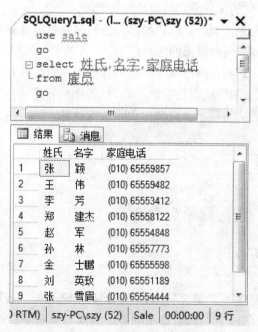

图 5-1　查询雇员表的部分列

（2）查询雇员表中的所有雇员的信息

【程序代码】

```
use sale
go
select * from 雇员
go
```

【程序说明】

程序中首先用 use sale 语句打开订货管理数据库 sale,任务中要查询的是雇员的所有信息,我们可以依次列出表中的所有列,也可以使用通配符"＊"来表示。from 子句指明数据来源于哪张数据表,此处来自表雇员。

【执行结果】

使用两种不同的方法的程序代码,都会在查询结果集中显示雇员表中的所有字段,如图 5-2 所示。

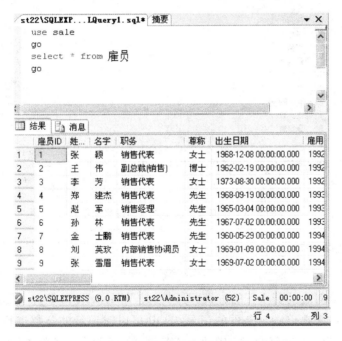

图 5-2　查询雇员表的所有列

（3）使用列的别名查询雇员表中雇员的姓名和年龄

【程序代码】

```
use sale
go
select 姓氏＋名字 as 姓名,year(getdate())－year(出生日期)as 年龄
from 雇员
go
```

【程序说明】

程序中的"year(getdate())－year(出生日期)"是表达式,可以计算出雇员的年龄。其中 year()函数的功能是可以提取日期时间型数据的年份,getdate()函数的功能是返回系统当前的时间和日期。列名后的中文"姓名"、"年龄"是该列的别名,用来友好地显示相关查询字段的信息。

【执行结果】

执行上述代码,在查询结果集中将显示雇员表中的相关字段,如图 5-3 所示。

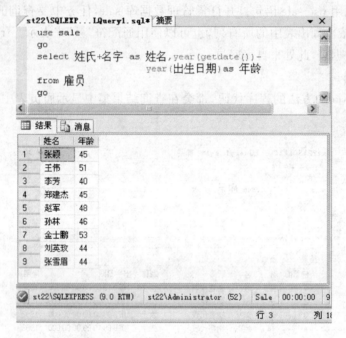

图 5-3　查询雇员表中学生的姓名和年龄

2) 查询表中的若干行

【任务分析】

本任务要完成对表的若干行的查询,可以通过 WHERE、TOP 和 DISTINCT 来实现。WHERE 子句可以筛选出满足条件的记录,TOP 可以对记录的条数进行具体限定,DISTINCT 则可以清除一些重复的行。因此该任务可分为下面几个子任务:

- 查询雇员表中的男销售代表信息
- 应用 TOP 子句查询产品表中类别为 1 的前三条记录
- 应用 DISTINCT 子句消除重复行

完成这些任务,我们需要用到较为复杂的 SELECT 语句,格式为:

　　SELECT［TOP n］［DISTINCT］列名列表

　　FROM 表名

　　WHERE 查询条件

(1) 查询雇员表中的男销售代表信息

【程序代码】

```
use sale
go
select *　from 雇员　where 职务='销售代表'and 尊称='先生'
go
```

【程序说明】

本任务未对男销售代表的具体信息进行限定,在 select 后面我们使用"＊",选择数据表中所有的列。where 子句可以将满足条件的记录筛选出来,这里的条件有两个,一个是职务为"销售代表",另一个是雇员的尊称为"先生"。两个条件之间是并且的关系,可以用逻辑运算符 and 进行连接。

注意:字符常量引用时要用单引号。

【执行结果】

执行上述代码,结果如图 5-4 所示。

图 5-4　显示雇员表中的男销售代表信息

(2) 应用 TOP 子句查询产品表中类别为 1 的前三条记录

【程序代码】

```
use sale
go
select top 3 *
from 产品
where 类别 ID='1'
go
```

【程序说明】

有时候查询时只希望看到表中的部分记录,如前三条,或者 20% 的记录,这个时候可以使用 TOP 命令,或者 PERCENT 命令来实现。如果在字段列表之前使用 TOP 30 PER-CENT 关键字,则查询结果只显示前面 30% 的记录。TOP 子句位于 SELECT 和列名列表之间。

【执行结果】

执行上述代码,结果如图 5-5 所示。

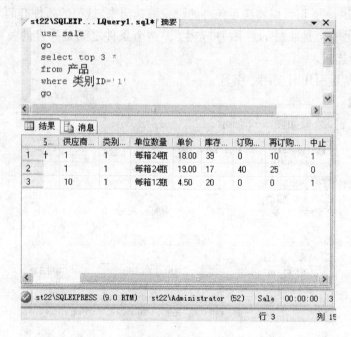

图 5-5　显示前三条记录信息的执行结果

(3) 查询订单表中所有的雇员 ID,应用 DISTINCT 子句消除重复行

【程序代码】

```
use sale
go
select distinct 雇员 ID
from 订单
go
```

【程序说明】

在查询过程中,某些记录可能会重复出现,为了减少数据冗余,可以使用 DISTINCT 关键字来消除重复出现的记录。比如上述程序如果不使用 DISTINCT,所有成交了订单的雇员的雇员 ID 都会显示出来,而有些雇员可能成交了不止一个订单,就会有很多重复的雇员 ID 出现。DISTINCT 使用时介于 SELECT 和列名列表之间。

【执行结果】

执行上述代码,得到去掉重复的雇员 ID;如果不使用 DISTINCT 子句,则得到所有成交了订单的雇员的雇员 ID(包括重复值),如图 5-6 所示。

图 5-6 "去掉了重复的雇员 ID"和"未去掉重复的雇员 ID"的执行结果对比

3) 查询信息的排序显示

【任务分析】

在产品表中查询产品名称、类别 ID 和库存量信息,查询结果按照类别的降序排序,在类别相同时,再按照库存量的升序排列。对于结果的排序可以使用 ORDER BY 语句来控制,其中 ASC 表示升序,DESC 表示降序。

【程序代码】

```
use sale
go
select   产品名称,类别 ID,库存量
from   产品
order by   类别 ID desc,库存量 asc
go
```

【执行结果】

分析执行上述代码,结果如图 5-7 所示。

4) 使用 LIKE 子句实现模糊查询

【任务分析】

在客户表中查询联系人姓"王"的基本信息,查询结果按城市降序排序。这里的查询条件联系人姓"王"含义比较宽泛,不能直接使用"联系人姓名='王'"来表示,而要使用 LIKE 子句并加上通配符的形式。查询结果排序则可以使用 ORDER BY 语句来控制,其中 ASC

101

图 5-7　查询信息排序显示

表示升序,DESC 表示降序。

【程序代码】

```
use sale
go
select *
from 客户 where 联系人姓名 like '王%'
order by 城市 desc
go
```

【执行结果】

执行上述代码,结果如图 5-8 所示。

5) 使用函数查找联系人姓"王"的基本信息

【任务分析】

要查找客户表中联系人姓"王"的基本信息,可以使用前面已经介绍的模糊查询来实

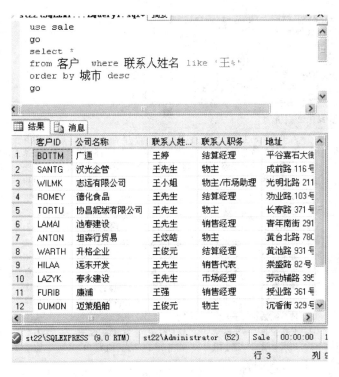

图 5-8　使用 **LIKE** 子句实现模糊查询

现。这个任务要求使用 SQL Server 中字符串函数 LEFT 来查找客户表中联系人姓"王"的基本信息。

【程序代码】

```
use sale
go
select *
from 客户
where left(联系人姓名,1)='王'
go
```

【程序说明】

程序中使用了函数。LEFT(字符型表达式,整型表达式)函数返回字符串中从左边开始指定个数的字符,这里可以用来查询姓"王"的联系人,它的作用等价于使用通配符"王%"。

【执行结果】

执行上述代码,结果如图 5-9 所示。

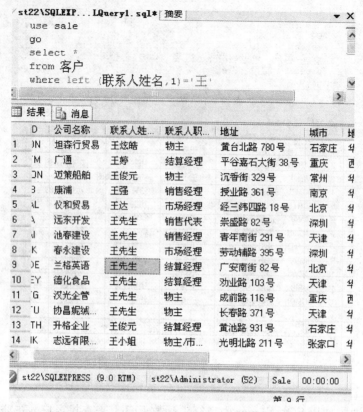

图 5-9　使用函数查找联系人姓"王"的基本信息

5.2.2　统计查询

1) 各类别产品个数的统计

【任务分析】

根据任务要求,此查询要用到的数据库为 sale,用到的表为产品。最后要显示的信息为两列,一列是类别 ID,一列为该类别的产品个数。列类别 ID 在表中有对应的字段,而产品个数是需要统计的信息,要用到聚合函数 COUNT。

【程序代码】

```
use sale
go
select 类别 ID, count( * ) as 产品个数
from 产品
group by   类别 ID
```

【程序说明】

本任务中是根据类别来统计产品的个数,这就需要用到 GROUP BY 子句,因此可以写出"GROUP BY 类别 ID"。而上面提到的聚合函数应该是在 SELECT 子句中出现,根据显示结果可以写成"count(*) as 产品个数"。

【执行结果】

输入代码并执行,结果如图 5-10 所示。

图 5-10　各类别产品个数的统计

2) 统计各运货商的最高运货费、最低运货费和平均运货费

【任务分析】

根据任务要求,此查询要用到的数据库为 sale,用到的表为订单。最后要显示的信息为四列,即运货商、最高运货费、最低运货费和平均运货费。其中最高运货费、最低运货费和平均运货费都不是表中的列,要利用聚合函数 MAX、MIN 和 AVG 显示信息。

【程序代码】

　　　　use sale

　　　　go

　　　　select 运货商,max(运货费) as 最高运货费,min(运货费) as 最低运货费,avg(运货费) as 平均运货费

　　　　from 订单

　　　　group by 运货商

【程序说明】

本任务是根据运货商统计相关运货费,需要用到 GROUP BY 子句,因此可以写出“group by 运货商”。

上面提到的聚合函数应该是在 SELECT 子句中出现,根据显示结果可以写成“max(运货费) as 最高运货费,min(运货费) as 最低运货费,avg(运货费) as 平均运货费”,各列以逗号分隔。

【执行结果】

输入代码并执行,结果如图 5-11 所示。

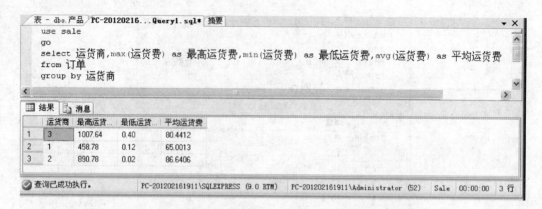

图 5-11 各运货商的最高运货费、最低运货费和平均运货费统计

3) 查询成交了 100 个以上(包括 100 个)订单的雇员 ID

【任务分析】

根据任务要求,此查询要用到的数据库为 sale,用到的表为订单。最后要显示雇员 ID 和订单个数,这里要筛选出的雇员是成交了 100 个订单及以上的雇员 ID。要完成这个任务,首先可以统计出每个雇员成交的订单个数,然后将成交订单个数大于等于 100 的雇员筛选出来。这样就要用到 GROUP BY 和 HAVING 子句。HAVING 子句可以对分类汇总的结果进行筛选。

【程序代码】

```
use sale
go
select 雇员 ID,count( * ) as 订单个数
from 订单
group by 雇员 ID
having count( * )>=100
```

【程序说明】

统计雇员成交的订单数量可以用"GROUP BY"子句,这里要根据雇员 ID 来进行分类统计,因此用雇员 ID 字段跟在 GROUP BY 子句之后。而对结果进行筛选则可以写成 "having count(*)>=100",这里的聚合函数用于统计订单个数。

【执行结果】

输入代码并执行,结果如图 5-12 所示。

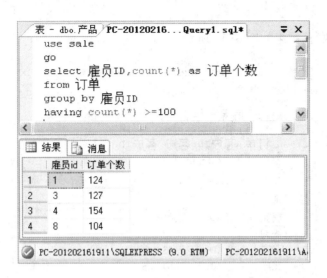

图 5-12　成交了 100 个以上(包括 100 个)订单的雇员 ID 信息

5.2.3　连接查询

1) 查询客户联系人为张英的所有订单的运货费

【任务分析】

根据任务要求,此查询要用到的数据库为 sale,用到的表为订单和客户。最后要显示的信息为三列,一列是联系人姓名,一列是订单 ID,一列是运货费。虽然其中两列在订单表中都有,但是本任务中要显示的是名字为张英的客户联系人的运货费信息。

解决这个问题可以通过将订单和客户两表进行内连接操作,然后再筛选出满足条件的记录,即客户联系人为张英的所有订单的运货费信息。

【程序代码】

```
use sale
go
select 联系人姓名,订单 ID,运货费
from 订单 INNER JOIN 客户
on 订单. 客户 ID＝客户. 客户 ID
where 联系人姓名＝'张英'
```

【程序说明】

案例中涉及的两张表分别是订单和客户,因此 FROM 子句应该写成"from 订单 INNER JOIN 客户",这表示两张表做连接运算。

另外,由于内连接运算是找出与连接条件匹配的数据行,这里的匹配条件即学生的学号相同,所以 ON 子句可以写成"on 订单. 客户 ID＝客户. 客户 ID"。SELECT 语句中的其他部分与简单查询相似。

【执行结果】

输入代码并执行,结果如图 5-13 所示。

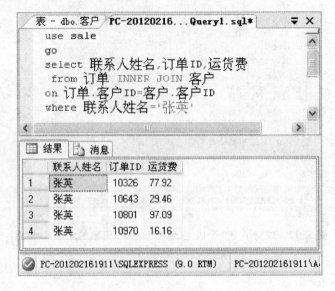

图 5-13　客户联系人为张英的所有订单的运货费信息查询

2) 查询运货商为"1"的客户公司名称和运货费

【任务分析】

根据任务要求,此查询要用到的数据库为 sale,用到的表为订单和客户。最后要显示的信息为两列,一列为客户公司名称,一列为运货费。

解决这个问题可以将订单和客户两表进行内连接操作,然后再筛选出满足条件的记录,即运货商为"1"的客户公司名称。

【程序代码】

```
use sale
go
select 公司名称,运货费
from 客户,订单
where 客户.客户 ID＝订单.客户 ID and 运货商＝'1'
```

【程序说明】

任务中涉及的两张表分别是订单和客户,因此 FROM 子句应该写成"from 客户,订单",表示这两张表进行连接运算。

另外,由于内连接运算是找出与连接条件匹配的数据行,这里的匹配条件即客户 ID 相同,所以 WHERE 子句可以写成"where 客户.客户 ID＝订单.客户 ID"。

【执行结果】

输入代码并执行,结果如图 5-14 所示。

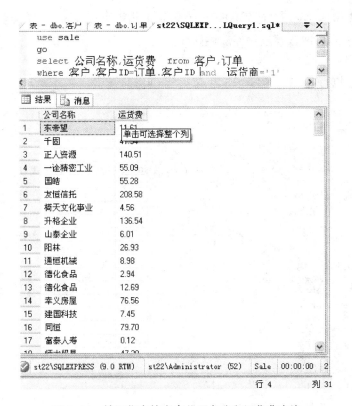

图 5-14　某运货商的客户公司名称和运货费查询

3) 查询运货公司名称为"联邦货运"的客户公司名称和运货费,并按运货费降序排列

【任务分析】

根据任务要求,此查询要用到的数据库为 sale,用到的表为客户、订单和运货商。最后要显示的信息为两列,一列为客户公司名称,一列为运货费。客户公司名称在客户表中,运货费则在订单表中,而查询条件运货公司名称为"联邦货运"在运货商表中。

解决这个问题可以将客户、订单和运货商三表进行内连接操作,然后再筛选出满足条件的记录,即运货公司名称为"联邦货运"的客户公司名称和运货费。

【程序代码】

```
use sale
go
select 客户.公司名称,运货费
from 客户,订单,运货商
where 客户.客户 ID＝订单.客户 ID and 订单.运货商＝运货商.运货商 ID
and  运货商.公司名称＝'联邦货运'
order by 运货费 desc
```

【程序说明】

任务中涉及的三张表分别是客户、订单和运货商。由于内连接运算是找出与连接条件匹配的数据行,因此 WHERE 子句前半句应该写成"where 客户.客户 ID＝订单.客户 ID",

这表示前两张表做连接运算;而 WHERE 子句后半句则可以写成"订单. 运货商＝运货商. 运货商 ID",这表示后两张表进行连接运算。

【执行结果】

输入代码并执行,结果如图 5-15 所示。

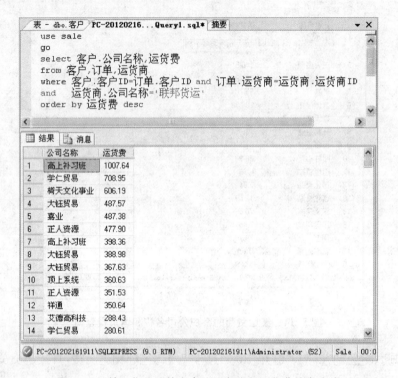

图 5-15　某运货公司的客户公司名称和运货费信息查询

5.2.4　子查询

1) 查询和"东南实业"同一城市的客户信息

【任务分析】

根据任务要求,此查询要用到的数据库为 sale,用到的表为客户。最后要显示的信息为与东南实业同一城市的客户的所有信息。

解决这个问题可以分两步,首先查出东南实业所在的城市,然后再以东南实业所在的城市作为查询条件找出该城市所有客户的信息。子查询的本质就是嵌套查询,内层查询的结果作为外层查询的条件进行查询。

【程序代码】

```
use sale
go
select *
from 客户
where 城市＝
```

(select 城市
from 客户
where 公司名称='东南实业')

【程序说明】

内层查询“select 城市 from 客户 where 公司名称='东南实业'”是前面已经介绍过的简单查询语句，该组语句可以查询出东南实业所在的城市；外层查询是一个嵌套查询，这里的 WHERE 条件语句为“where 城市=子查询”，这里的子查询其实指的是子查询的结果。程序执行时，先运算子查询，并将其结果代入父查询中，变为“select * from 客户 where 城市='天津'”。

【执行结果】

输入代码并执行，结果如图 5-16 所示。

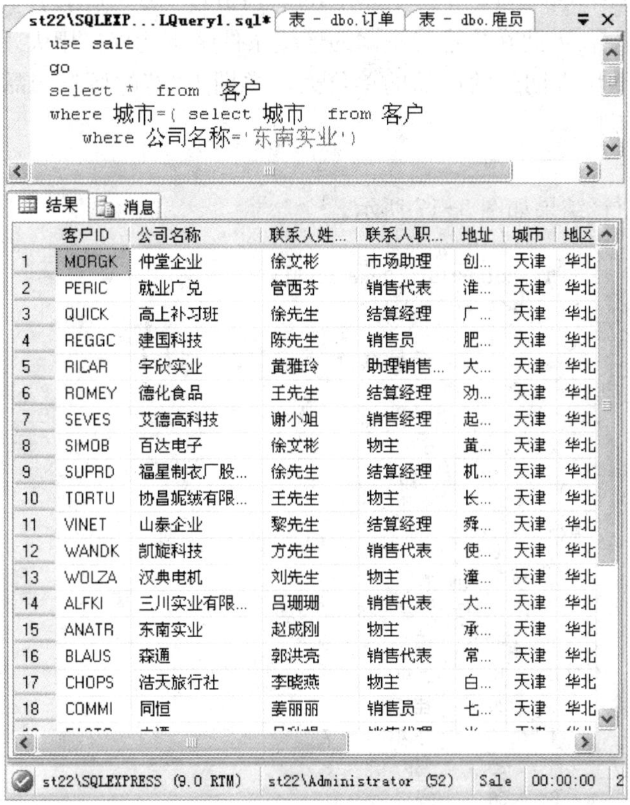

	客户ID	公司名称	联系人姓...	联系人职...	地址	城市	地区
1	MORGK	仲堂企业	徐文彬	市场助理	创...	天津	华北
2	PERIC	就业广兑	管西芬	销售代表	淮...	天津	华北
3	QUICK	高上补习班	徐先生	结算经理	广...	天津	华北
4	REGGC	建国科技	陈先生	销售员	肥...	天津	华北
5	RICAR	宇欣实业	黄雅玲	助理销售...	大...	天津	华北
6	ROMEY	德化食品	王先生	结算经理	劝...	天津	华北
7	SEVES	艾德高科技	谢小姐	销售经理	起...	天津	华北
8	SIMOB	百达电子	徐文彬	物主	黄...	天津	华北
9	SUPRD	福星制衣厂股...	徐先生	结算经理	机...	天津	华北
10	TORTU	协昌妮绒有限...	王先生	物主	长...	天津	华北
11	VINET	山泰企业	黎先生	结算经理	舜...	天津	华北
12	WANDK	凯旋科技	方先生	销售代表	使...	天津	华北
13	WOLZA	汉典电机	刘先生	物主	潼...	天津	华北
14	ALFKI	三川实业有限...	吕珊珊	销售代表	大...	天津	华北
15	ANATR	东南实业	赵成刚	物主	承...	天津	华北
16	BLAUS	森通	郭洪亮	销售代表	常...	天津	华北
17	CHOPS	浩天旅行社	李晓燕	物主	白...	天津	华北
18	COMMI	同恒	姜丽丽	销售员	七...	天津	华北

图 5-16 查询和“东南实业”同一城市的客户信息

2) 查询比类别“2”所有产品单价都高的其他类别的产品 ID 和产品名称

【任务分析】

根据任务要求，此查询要用到的数据库为 sale，用到的表为产品。最后要显示的信息为三列，分别是产品的产品 ID，产品名称，类别 ID。

解决这个问题可以利用带 ALL 的子查询，首先从产品表中找出类别 ID 为“2”的所有产品的单价，然后再将此作为父查询的条件，从产品表中找出比该类别所有产品的单价均高且不是该类别的产品信息。

【程序代码】

```
use sale
go
select 产品 ID,产品名称,类别 ID
from 产品
where 单价＞all(select 单价
from 产品
where 类别 ID ='2')
and 类别 ID <>'2'
```

【程序说明】

由于子查询"select 单价 from 产品 where 类别 ID ='2'"查出的产品的单价并非单一的值，而是单价的集合，因此在构建父查询的连接条件时不能仅仅用大于号（＞），还要在大于号后加上 ALL，表示查询到的产品的单价大于类别为"2"的所有产品的单价，即"where 单价＞ all(子查询)"。

【执行结果】

输入代码并执行，结果如图 5-17 所示。

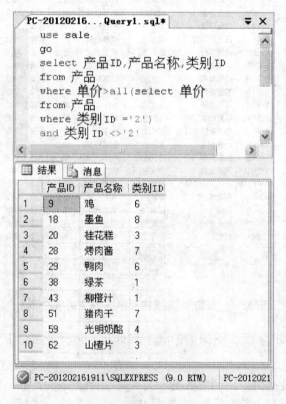

图 5-17　查询比某类别所有产品单价都高的产品

3) 查询公司在北京的供应商供应的产品 ID 和产品名称

【任务分析】

根据任务要求,此查询要用到的数据库为 sale,用到的表为产品和供应商。最后要显示的信息为两列,一列为产品 ID,一列为产品名称。

解决这个问题可以利用子查询,首先从供应商表中找出公司在北京的供应商 ID,然后再将此作为父查询的条件,从产品表中找出产品的名称。

【程序代码】

```
use sale
go
select 产品 ID,产品名称
from 产品
where 供应商 ID in(select 供应商 ID
from 供应商
where 城市='北京')
```

【程序说明】

公司在北京的供应商的条件语句可以写为"where 城市='北京'",不难发现查询的结果不是一个公司,因此写父查询条件的连接运算符的时候要改为 IN,而不能仅仅用等号(=),也即"where 供应商 ID in(子查询)"。

【执行结果】

输入代码并执行,结果如图 5-18 所示。

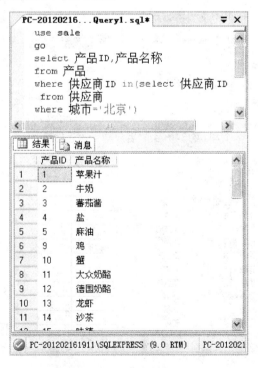

图 5-18 查询公司在北京的供应商供应的产品信息

4) 查询运货商为"1"的客户公司名称和联系人姓名

【任务分析】

根据任务要求,此查询要用到的数据库为 sale,用到的表为客户和订单。最后要显示的信息为两列,一列为公司名称,一列为联系人姓名。

解决这个问题既可以用连接查询,也可以用 IN 子查询,这里我们选用 EXISTS 子查询。

【程序代码】

```
use sale
go
select 公司名称,联系人姓名
from 客户
where exists
(select *
from 订单
where 订单.客户 ID=客户.客户 ID and 运货商='1')
```

【程序说明】

EXISTS 子查询的实现要在子查询中将连接条件书写出来,即子查询的条件语句写成"where 订单.客户 ID=客户.客户 ID and 运货商='1'",连接是通过字段客户 ID 实现的。父查询中条件语句则比较简单,写成"where exists"就可以了。

【执行结果】

输入代码并执行,结果如图 5-19 所示。

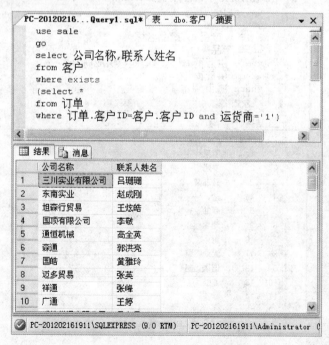

图 5-19 某运货商的客户公司查询(EXISTS 子查询)

5.3 必备知识

5.3.1 Transact-SQL 概述

SQL 全称是"结构化查询语言"(Structured Query Language,SQL),SQL 是一种通用标准的数据库查询和程序设计语言,用于存取数据以及查询、更新和管理关系数据库系统。

Transact-SQL(又称 T-SQL)是微软在 SQL Server 中对 SQL 的扩展,具有 SQL 的主要特点,同时增加了变量、运算符、函数、流程控制和注释等语言元素,使其功能更加强大。Transact-SQL 对 SQL Server 十分重要,SQL Server 中使用图形界面能够完成的所有功能,都可以利用 Transact-SQL 来实现。使用 Transact-SQL 操作时,与 SQL Server 通信的所有应用程序都通过向服务器发送 Transact-SQL 语句来进行,而与应用程序的界面无关。

Transact-SQL 是 ANSI 标准 SQL 数据库查询语言的一个强大的实现,根据其完成的具体功能,可以将 Transact-SQL 语句分为四大类,分别为数据定义语句、数据操作语句、数据控制语句和一些附加的语言元素。

1) 批处理

批处理是包含一个或多个 Transact-SQL 语句的组,这些语句被应用程序作为一个整体提交给服务器,并在服务器端作为一个整体执行。

使用 GO 命令可以将批处理作为一个执行单元发送给 SQL Server 执行。

【例 5-1】 建立一个简单的批处理。

```
USE 学生图书管理系统
GO
CREATE TABLE 图书
(
图书名称 varchar(20) not null,
作者 varchar(12)
)
GO
INSERT INTO 图书 VALUES('数据库技术','张阳')
GO
```

建立批处理时应注意以下几项:

CREATE DEFAULT、CREATE FUNCTION、CREATE PROCEDURE、CREATE RULE、CREATE SCHEMA、CREATE TRIGGER 和 CREATE VIEW 语句不能在批处理中与其他语句组合使用。但 CREATE DATEBASE、CREATE TABLE 和 CREATE INDEX 例外。

不能在删除一个对象之后,在同一批处理中再次引用这个对象。

不能把规则和默认值绑定到表字段或者自定义字段上之后,立即在同一批处理中使用它们。

不能定义一个 CHECK 约束之后，立即在同一个批处理中使用。

不能修改表中一个字段名之后，立即在同一个批处理中引用这个新字段。

使用 SET 语句设置的某些 SET 选项不能应用于同一个批处理中的查询。

如果 EXECUTE 语句是批处理中的第一条语句，则不需要 EXECUTE 关键字。如果 EXECUTE 语句不是批处理中的第一条语句，则需要 EXECUTE 关键字。

SQL Server 是以批处理为处理单位，当批处理中的语句有错误时，会根据不同情况采用以下处理方式：

（1）如果批处理中的语句出现编译错误（比如语法错误），那么将不能生成执行计划，批处理中的任何一个语句都不会被执行。

（2）如果批处理编译无误而开始执行后，若遇到较严重的执行错误（例如找不到指定的数据表），则会终止执行而返回错误信息。此时除了造成执行错误的语句外，排在此语句后面的所有语句也都不会执行，但之前已经正确执行的语句则不会被取消。

（3）如果执行中发生轻微错误（例如在添加或修改数据时违反数据表的约束），则只会取消该错误语句的执行，而该语句之后的语句仍会继续执行。

（4）每个批处理都是独立执行的，并不会相互影响。即无论前一个批处理是否正确执行，下一个批处理仍会继续执行。

2）注释

注释是程序代码中不执行的文本字符串，它起到注解说明代码或暂时禁用正在进行诊断调试的部分语句和批处理的作用。注释能使得程序代码更易于维护和被读者所理解。

SQL Server 支持两种形式的注释语句：行内注释和块注释。

（1）行内注释

语法格式：

— text_of_comment

说明：

text_of_comment：包含注释文本的字符串。

【例 5-2】 利用行内注释对 T-SQL 语句作出解释说明。

—选择学生图书管理系统数据库。

USE 学生图书管理系统

—检索显示图书信息表中的所有记录。

SELECT * FROM 图书信息

（2）块注释

语法格式：

/ * text_of_comment * /

说明：

text_of_comment：包含注释文本的字符串。

【例 5-3】 利用块注释对 T-SQL 语句作出解释说明。

/ *选择学生图书管理系统数据库。

显示图书信息表中所有的记录。

```
*/
USE 学生图书管理系统
SELECT  *   FROM 图书信息
```

5.3.2　函数

1) 数据库中函数含义及格式

SQL 函数与其他程序设计语言中的函数类似,具有特定的功能,其目的是为了给用户提供方便。它的形式一般包含函数名、输入及输出参数。

例如,ABS 函数的格式为:

ABS<数值表达式>

它的功能是返回给定数值表达式的绝对值。

2) 函数的种类

函数可以由系统提供,也可以由用户根据需要进行创建,大致分为以下两类:

(1) 系统内置函数

系统内置函数也称为系统函数,它是 SQL Server 2008 直接提供给用户使用的。一般又可以分为字符串函数、数据类型转换函数、日期函数和数学函数等。下面详细介绍常见的系统内置函数。

(2) 用户自定义函数

用户自定义函数是用户为了实现某项特殊功能而自己创建的,用来补充和扩展内置函数。用户自定义函数在项目六中进行详细讲解。

3) 内置字符串函数

(1) 字符转换函数

① ASCII()

ASCII()函数返回字符表达式最左端字符的 ASCII 码值。

ASCII() 函数语法:ASCII('字符串')。

在 ASCII()函数中,纯数字的字符串可不用"括起来,但含其他字符的字符串必须用"括起来使用,否则会出错。

② CHAR()

CHAR()函数用于将 ASCII 码转换为字符。其语法为:CHAR(整数值)。

如果没有输入 0~255 之间的 ASCII 码值,CHAR()函数会返回一个 NULL 值。

③ LOWER()

LOWER()函数把字符串全部转换为小写,其语法为:LOWER('字符串')。

④ UPPER()

UPPER()函数把字符串全部转换为大写,其语法为:UPPER('字符串')。

⑤ STR()

STR()函数把数值型数据转换为字符型数据,其语法为:STR(<float _expression>[,length[, <decimal>]])。

自变量 length 和 decimal 必须是非负值，length 指定返回的字符串的长度，decimal 指定返回的小数位数。如果没有指定长度，缺省的 length 值为 10，decimal 缺省值为 0。小数位数大于 decimal 值时，STR() 函数将其下一位四舍五入。指定长度应大于或等于数字的符号位数＋小数点前的位数＋小数点位数＋小数点后的位数。如果＜float_expression＞小数点前的位数超过了指定的长度，则返回指定长度的"＊"。

【例 5-4】 字符转换函数示例。

PRINT ′字符转换函数示例′
PRINT ASCII(′ABCD′)
PRINT CHAR(65)
PRINT LOWER(′ABCD′)
PRINT UPPER(′abcd′)
PRINT STR(134.567,4,2)

运行结果：

字符转换函数示例
65
A
abcd
ABCD
135

(2) 去空格函数

① LTRIM()

LTRIM()函数把字符串头部的空格去掉，其语法为：LTRIM(＜character _expression＞)

② RTRIM()

RTRIM() 函数把字符串尾部的空格去掉，其语法为：RTRIM(＜character _expression＞)

提示：在许多情况下，往往需要得到头部和尾部都没有空格字符的字符串，这时可将上两个函数嵌套使用。

【例 5-5】 去空格函数示例。

PRINT ′去空格函数′
DECLARE @a char(20)
SET @a = ′ ABCD ′
PRINT LTRIM(@a)
PRINT RTRIM(@a)

运行结果：

去空格函数
ABCD
  ABCD

(3) 取子串函数

① LEFT()

LEFT()函数返回部分字符串，其语法为：LEFT(＜character_expression＞, ＜integer_expression>)。

LEFT()函数返回的子串是从字符串最左边起到第 integer_expression 个字符的部分。若 integer_expression 为负值,则返回 NULL 值。

② RIGHT()

RIGHT()函数返回部分字符串,其语法为:RIGHT(<character_expression>, <integer_expression>)。

RIGHT()函数返回的子串是从字符串右边第 integer_expression 个字符起到最后一个字符的部分。若 integer_expression 为负值,则返回 NULL 值。

③ SUBSTRING()

SUBSTRING()函数返回部分字符串,其语法为:SUBSTRING(<expression>, <starting_position>, length)。

SUBSTRING()函数返回的子串是从字符串左边第 starting_position 个字符起 length 个字符的部分。其中表达式可以是字符串或二进制串或含字段名的表达式。SUBSTRING()函数不能用于 TEXT 和 IMAGE 数据类型。

【例 5-6】 取子串函数示例。

PRINT '取子串函数'

DECLARE @a char(20)

SET @a = 'ABCDEFghijklmn'

—从字符串"ABCDEFghijklmn"左侧取出 3 个字符

PRINT LEFT(@a,3)

—从字符串"ABCDEFghijklmn"右侧取出 5 个字符

PRINT RIGHT('ABCDEFghijklmn',5)

—从字符串"ABCDEFghijklmn"左侧数第 3 个字符开始,取出 4 个字符

PRINT SUBSTRING(@a,3,4)

运行结果:

取子串函数

ABC

jklmn

CDEF

(4) 字符串比较函数

① CHARINDEX()

CHARINDEX()函数返回字符串中某个指定的子串出现的开始位置,其语法为:CHARINDEX(<'substring_expression'>, <expression>)。

其中 substring_expression 是所要查找的字符表达式,expression 可为字符串也可为列名表达式。如果没有发现子串,则返回 0 值。此函数不能用于 TEXT 和 IMAGE 数据类型。

② PATINDEX()

PATINDEX()函数返回字符串中某个指定的子串出现的开始位置,其语法为:PATINDEX(<'%substring_expression%'>, <column_name>)。

其中子串表达式前后必须有百分号"％"，否则返回值为 0。

与 CHARINDEX() 函数不同的是，PATINDEX() 函数的子串中可以使用通配符，且此函数可用于 CHAR、VARCHAR 和 TEXT 数据类型。"_"为通配字符。

【例 5-7】 字符串比较函数。

PRINT '字符串比较函数'

DECLARE @a char(20)

SET @a = 'ABCDEFghijklmn'

—查看子串"CDE"在字符串"ABCDEFghijklmn"中出现的开始位置

PRINT CHARINDEX('CDE',@a)

—查看子串"CDF"在字符串"ABCDEFghijklmn"中出现的开始位置

PRINT CHARINDEX('CDF',@a)

—查看包含子串"CD "的子串在字符串"ABCDEFghijklmn"中出现的开始位置

PRINT PATINDEX('％_CD％',@a)

运行结果：

字符串比较函数

3

0

2

（5）字符串操作函数

① REPLICATE()

语法：REPLICATE(character_expression,integer_expression)。

如果 integer_expression 值为负值，则 REPLICATE() 函数返回 NULL 串。

② REVERSE()

语法：REVERSE(<character_expression>)。

其中 character_expression 可以是字符串、常数或一个列的值。

③ REPLACE()

语法：REPLACE(<string_expression1>, <string_expression2>, <string_expression3>)

REPLACE() 函数用 string_expression3 替换在 string_expression1 中的子串 string_expression2。

④ SPACE()

语法：SPACE(<integer_expression>)。

如果 integer_expression 值为负值，则 SPACE() 函数返回 NULL 串。

⑤ STUFF()

语法：STUFF(<character_expression1>, <start_ position>, <length>,<character_expression2>)

如果起始位置为负或长度值为负，或者起始位置大于 character_expression1 的长度，则 STUFF() 函数返回 NULL 值。如果 length 长度大于 character_expression1 的长度，则 character_expression1 只保留首字符。

【例5-8】 字符串操作函数示例。

PRINT '字符串操作函数'

DECLARE @a char(20)

SET @a = 'ABCDEFghijklmn'

一产生一个子串"cd"重复三次的字符串

PRINT REPLICATE('cd',3)

一把字符串"ABCDEFghijklmn"反转过来,产生一个新的字符串

PRINT REVERSE(@a)

一用子串"abc"替换掉字符串"ABCDEFghijklmn"中的子串"ABC"

PRINT REPLACE(@a,'ABC','abc')

一产生一个包含5个空格的字符串

PRINT SPACE(5)

一从字符串"ABCDEFghijklmn"的第3个字符开始,用子串"XYZ"替换掉3个字符

PRINT STUFF(@a,3,3,'XYZ')

运行结果:

字符串操作函数

cdcdcd

nmlkjihgFEDCBA

abcDEFghijklmn

ABXYZFghijklmn

4) 数据类型转换函数

在一般情况下,SQL Server 会自动完成数据类型的转换。例如,可以直接将字符数据类型或表达式与 DATATIME 数据类型或表达式比较。当表达式中用了 INTEGER、SMALLINT 或 TINYINT 时,SQL Server 也可将 INTEGER 数据类型或表达式转换为 SMALLINT 数据类型或表达式,这称为隐式转换。如果不能确定 SQL Server 是否能完成隐式转换或者使用了不能隐式转换的其他数据类型,就需要使用数据类型转换函数做显式转换了。此类函数有两个:

① CAST()

语法:CAST(<expression> AS <data_ type>[length])

② CONVERT()

语法:CONVERT(<data_ type>[length], <expression> [, style])

说明:

data_type 为 SQL Server 系统定义的数据类型,用户自定义的数据类型不能在此使用。

length 用于指定数据的长度,缺省值为 30。

把 CHAR 或 VARCHAR 类型转换为诸如 INT 或 SAMLLINT 这样的 INTEGER 类型时结果必须是带正号(＋)或负号(－)的数值。

TEXT 类型到 CHAR 或 VARCHAR 类型转换最多为 8000 个字符,即 CHAR 或 VARCHAR 数据类型的最大长度。

IMAGE 类型存储的数据转换到 BINARY 或 VARBINARY 类型,最多为 8000 个字符。

把整数值转换为 MONEY 或 SMALLMONEY 类型,按定义的国家的货币单位来处理,如人民币、美元、英镑等。

BIT 类型的转换把非零值转换为 1,并仍以 BIT 类型存储。

试图转换到不同长度的数据类型,会截短转换值并在转换值后显示"+"。

用 CONVERT() 函数的 style 选项能以不同的格式显示日期和时间。style 是将 DATATIME 和 SMALLDATETIME 数据转换为字符串时所选用的由 SQL Server 系统提供的转换样式编号,不同的样式编号有不同的输出格式。

【例 5-9】 数据类型转换函数示例。

```
DECLARE @myval decimal(5,2)
SET @myval = 193.57
SELECT CAST(CAST(@myval AS varbinary(20)) AS decimal(10,5))
SELECT CONVERT(decimal(10,5), CONVERT(varbinary(20), @myval))
```

运行结果如图 5-20。

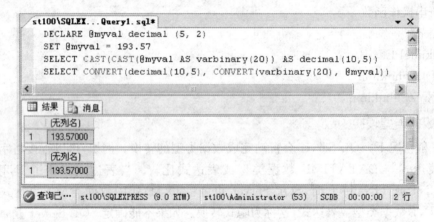

图 5-20 运行结果

5) 日期函数

日期函数用来操作 DATETIME 和 SMALLDATETIME 类型的数据,执行算术运算。与其他函数一样,可以在 SELECT 语句的 SELECT 和 WHERE 子句以及表达式中使用日期函数。

① DAY()

语法:DAY(<date_expression>)。

注释:DAY() 函数返回 date_expression 中的日期值。

② MONTH()

语法:MONTH(<date_expression>)。

注释:MONTH() 函数返回 date_expression 中的月份值。

与 DAY() 函数不同的是,MONTH() 函数的参数为整数时,一律返回整数值 1,即

SQL Server 认为其是 1900 年 1 月。

③ YEAR()

语法:YEAR(<date_expression>)。

注释:YEAR() 函数返回 date_expression 中的年份值。

提醒:在使用日期函数时,其日期值应在 1753 年到 9999 年之间,这是 SQL Server 系统所能识别的日期范围,否则会出现错误。

④ DATEADD()

语法:DATEADD(<datepart>,<number>,<date>)。

注释:DATEADD() 函数返回指定日期 date 加上指定的额外日期间隔 number 产生的新日期。参数"datepart"在日期函数中经常被使用,它用来指定构成日期类型数据的各组件,如年、季、月、日、星期等。

⑤ DATEDIFF()

语法:DATEDIFF()(<datepart>,<date1>,<date2>)。

注释:DATEDIFF() 函数返回两个指定日期在 datepart 方面的不同之处,即 date2 超过 date1 的差距值,其结果值是一个带有正负号的整数值。

⑥ DATENAME()

语法:DATENAME(<datepart>,<date)>。

注释:DATENAME() 函数以字符串的形式返回日期的指定部分,此部分由 datepart 来指定。

⑦ DATEPART()

语法:DATEPART(<datepart>,<date>)。

注释:DATEPART() 函数以整数值的形式返回日期的指定部分,此部分由 datepart 来指定。

⑧ GETDATE()

语法:GETDATE()。

注释:GETDATE() 函数以 DATETIME 的缺省格式返回系统当前的日期和时间,它常作为其他函数或命令的参数使用。

【例 5-10】　日期函数综合示例。

```
DECLARE @DateA datetime,@DateB datetime
SET @DateA=GETDATE()
SET @DateB=DATEADD(day,8,@DateA)
PRINT @DateA
PRINT DAY(@DateA)
PRINT MONTH(@DateA)
PRINT YEAR(@DateA)
PRINT DATEADD(day,8,@DateA)
PRINT DATEDIFF(day,@DateA,@DateB)
PRINT DATENAME(week,@DateA)
PRINT DATEPART(year,@DateA)
```

运行结果:

10 17 2009 9:16PM

17

10

2009

10 25 2009 9:16PM

8

42

2009

6) 数学函数

① POWER()

语法:POWER(numeric_expression, y)。

注释:返回指定表达式的指定幂的值。numeric_expression 精确数值或近似数值数据类别(bit 数据类型除外)的表达式。y 对 numeric_expression 进行幂运算的幂值。y 可以是精确数值或近似数值数据类别的表达式(bit 数据类型除外)。

SQRT():

语法:SQRT(float_expression)。

注释:返回指定表达式的平方根。float_expression 属于 float 类型或可以隐式转换为 float 类型的表达式。

ABS():

语法:ABS(numeric_expression)。

注释:返回指定数值表达式的绝对值(正值)的数学函数。

【例 5-11】 数学函数。

```
DECLARE @value int, @counter int;
SET @value = ABS(-2.0);
SET @counter = 1;
WHILE @counter < 5
    BEGIN
        PRINT POWER(@value, @counter);
        PRINT SQRT(POWER(@value, @counter));
        SET NOCOUNT ON;
SET @counter = @counter + 1;
        SET NOCOUNT OFF;
    END
GO
```

运行结果:

2

1.414 21

4

2

8

2.828 43

16

4

5.3.2 关系数据库的基本运算

关系数据库的关系之间可以通过运算获取相关的数据,其基本运算的种类主要有投影、选择和连接,它们来自关系代数中的并、交、差、选择和投影等运算。

1) 投影

从一个表中选择一列或者几列形成新表的运算称为投影。投影是对数据表的列进行的一种筛选操作,新表的列的数量和顺序一般与原表不相同。在 SQL Server 中投影操作通过在 SELECT 子句中限定列名列表来实现。

【例 5-12】 查询 teacher 表中的教师编号和姓名。

程序代码:

```
USE student
GO
SELECT      tno 教师编号,tname 姓名
FROM teacher
```

2) 选择

从一个表中选择若干行形成新表的运算称为选择。选择是对数据表的行进行的一种筛选操作,新表的行的数量一般与原表不相同。在 SQL Server 中选择操作通过在 WHERE 子句中限定记录条件来实现。

【例 5-13】 查询 student 表中 1988 年以后出生的学生的学号和姓名。

程序代码:

```
USE student
GO
SELECT sno. sname
FROM student
WHERE sbirthday>='1989-1-1'
```

3) 连接

从两个或两个以上的表中选择满足某种条件的记录形成新表的运算称为连接。连接与投影和选择不同,它的运算对象是多表。它可以分为交叉连接、自然连接、左连接和右连接等不同的类型。后面的项目中会详细介绍,这里仅通过一个例子加以说明。

【例 5-14】 查询"计应 0711"班学生的信息。

程序代码:

```
USE student
GO
SELECT sno,sname
FROM student INNER JOIN class
ON sludent. classno = class. classno
WHERE classname='计应 0711'
```

5.3.3 用 SELECT 语句进行简单查询

SELECT 语句可以用来检索表中的数据,通过执行 SELECT 语句,能够显示存储在表中的信息。

1) SELECT 语句的语法

SELECT 语句的基本语法格式如下:

```
SELECT <字段列表>
[INTO 新表名]
FROM <表名/视图名列表>
[WHERE 条件表达式]
[GROUP BY 列名列表]
[HAVING 条件表达式]
[ORDER BY 列名 1[ASC|DESC],列名 2 [ASC|DESC],...,列名 n[ASC|DESC]]
[COMPUTE 行聚合函数名(统计表达式)[ ,...n][BY 分类表达式[,...n]]]
```

其中各子句说明如下:

(1) SELECT 子句用于指出要查询的字段,也就是查询结果中包含的字段的名称。

(2) INTO 子句用于创建一个新表,并将查询结果保存到这个新表中。

(3) FROM 子句用于指出所要进行查询的数据来源,即来源于哪些表或视图的名称。

(4) WHERE 子句用于指出查询数据时要满足的检索条件。

(5) GROUP BY 子句用于对查询结果分组。

　　HAVING 语句未作说明。

(6) ORDER BY 子句用于对查询结果排序。

(7) COMPUTE 子句用于对查询结果进行汇总。

在 SELECT 语句中,SELECT 子句和 FROM 子句是必选项,其余子句是可选项。

2) 基本的 SELECT 语句

SELECT 语句的基本形式如下:

```
SELECT <字段列表>
FROM <表名列表>
```

(1) 选择表中的所有列

在 SELECT 语句中,可以使用"＊"来选择表中的所有列数据,结果集中列的显示顺序与其在基表中的顺序相同。

【例 5-15】 查询“图书信息”表中的所有数据，结果如图 5-21 所示。

结果 | 消息

	图书编号	图书名称	作者	图书类...	出版社名称	出版日期
1	100001	软件工程	汪洋	计算机	电子出版社	2007-09-08 00:00:00.000
2	100002	sql server2000	张亮	计算机	电子出版社	2008-07-06 00:00:00.000
3	100003	音乐鉴赏	张海红	艺术	北京出版社	2008-09-08 00:00:00.000
4	100004	java语言程序设计	张魁	计算机	机械出版社	2006-06-05 00:00:00.000

图 5-21 查询“图书信息”表所有列

查询语句如下：

```
USE 学生图书管理系统
SELECT * FROM 图书信息
```

(2) 选择表中的指定列

在很多情况下，用户只对表中的一部分属性感兴趣，这时可以通过选择指定列来进行查询，指定的列名中间用逗号隔开。

【例 5-16】 查询“图书信息”表中图书编号、图书名称、作者、出版社名称列的相关信息。结果如图 5-22 所示。

结果 | 消息

	图书编号	图书名称	作者	出版社名称
1	100001	软件工程	汪洋	电子出版社
2	100002	sql server2000	张亮	电子出版社
3	100003	音乐鉴赏	张海红	北京出版社
4	100004	java语言程序设计	张魁	机械出版社

图 5-22 查询“图书信息”表指定的列

查询语句如下：

```
USE 学生图书管理系统
SELECT 图书编号，图书名称，作者，出版社名称 FROM 图书信息
```

(3) 设置字段别名

显示查询结果时，通常第一行显示各个输出字段的名称。用户还可以根据实际需要对查询数据的列标题进行修改，或者为没有标题的列加上临时标题。设置别名的语法格式有两种：

① 列表达式 [AS] 别名

② 别名=列表达式

注意：当原字段名或别名中有空格时，必须用方括号或双引号括起来。

【例 5-17】 显示“图书信息”表中图书名称、作者两列的信息，并为作者列设置别名“主编”，结果如图 5-23 所示。

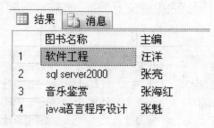

图 5-23　设置别名

查询语句如下：

　　SELECT 图书名称，作者 AS 主编 FROM 图书信息

（4）查询经过计算的值

SELECT 子句的＜字段列表＞不仅可以是表中的属性列，也可以是由数据库表中的一些字段经过运算而生成的表达式，包括字符串常量、函数等。

语法格式为：表达式［AS］别名。

当不为表达式指定别名时，输出时该列的第一行将显示无列名。

【例 5-18】　将"图书信息"中的定价打七折。结果如图 5-24 所示。

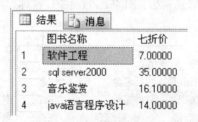

图 5-24　计算字段

查询语句如下：

　　SELECT 图书名称，定价＊0.7 AS 七折价 FROM 图书信息

（5）用 ALL 返回全部记录

要返回所有记录可在 SELECT 后使用 ALL，ALL 是默认设置，因此也可以省略。如果在 SELECT 子句中没有使用任何一个选择谓词，则相当于使用了 ALL 关键字，这时选择查询将返回符合条件的全部记录。

【例 5-19】　显示所有图书的出版社名称，结果如图 5-25 所示。

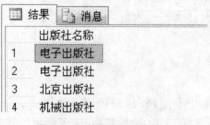

图 5-25　使用 ALL 关键字

查询语句如下：

　　SELECT ALL 出版社名称 FROM 图书信息

（6）用 DISTINCT 消除结果集中重复的记录

当对表只选择部分字段时，可能会出现重复行。如果让重复行只显示一次，需在 SELECT 子句中用 DISTINCT 指定在结果集中只能显示唯一一行。关键字 DISTINCT 是限制字段列表中所有字段的值都相同时只显示其中一条，而不是针对某个字段来处理。就下面的查询命令而言，只有"出版社名称"和"入馆时间"都相同的才会被视为重复的记录。

【例 5-20】 显示"图书信息"表中出版社名称、入馆时间列的相关信息，重复的记录只显示一次，结果如图 5-26 所示。

图 5-26 消除重复记录

查询语句如下：

      SELECT DISTINCT 出版社名称，入馆时间 FROM 图书信息

（7）用 TOP 显示前面若干条记录

语法格式如下：

      SELECT TOP n [PERCENT]列名 1 [...n]

      FROM 表名

其中：

TOP n 表示返回最前面的 n 行，n 表示返回的行数。

TOP n PERCENT 表示返回最前面的 n％行。

【例 5-21】 显示"图书信息"表的前 4 行记录，结果如图 5-27 所示。

图 5-27 前 4 行记录

查询语句如下：

      SELECT TOP 4 * FROM 图书信息

【例 5-22】 显示"图书信息"表的前 20％行记录，结果如图 5-28 所示。

	图书编号	图书名称	作者	图书类...	出版社名称	出版日期
1	100001	软件工程	汪洋	计算机	电子出版社	2007-09-08 00:00:00.000
2	100002	sql server2000	张亮	计算机	电子出版社	2008-07-06 00:00:00.000
3	100003	音乐鉴赏	张海红	艺术	北京出版社	2008-09-08 00:00:00.000

图 5-28   前 20%记录

查询语句如下：

    SELECT TOP 20 PERCENT * FROM 图书信息

3）WHERE 子句

根据前面的介绍,我们知道只要通过 FROM 子句指定数据来源,SELECT 子句指定输出字段就能够从数据库表中获取全部数据。而实际工作中大多数查询并不是希望得到表中的所有记录,而是满足给定条件的部分记录,这就需要对数据库表中的记录进行过滤。通过在 SELECT 语句中使用 WHERE 子句,可以设置对记录的检索条件,从而保证查询结果中仅仅包含所需要的记录。

基本语法格式如下：

    SELECT 列名 1[,... 列名 n]

    FROM 表名

    WHERE 查询条件

查询条件为选择查询结果的条件,是用运算符连接字段名、常量、变量、函数等而得到的表达式,其取值为 TRUE 或 FALSE。满足条件的结果为 TRUE,不满足条件的结果为 FALSE。满足条件的记录都会包含在查询所返回的结果集中,不满足条件的记录则不会出现在这个结果集中。

在使用时,WHERE 子句必须紧跟在 FROM 子句后面。查询条件中可以包含的运算符见表 5-1。

表 5-1   查询条件中常用的运算符

运算符	用　　途
=,<>,>,>=,<,<=,! =	比较大小
AND,OR,NOT	设置多重条件
BETWEEN …AND	确定范围
IN, NOT IN,ANY,SOME,ALL	确定集合
LIKE	字符匹配,用于模糊查询
IS[NOT] NULL	测试空值

（1）比较表达式作查询条件

比较表达式是逻辑表达式的一种,使用比较表达式作为查询条件的一般表达形式是：

    表达式 比较运算符 表达式

其中:表达式为常量、变量和列表达式的任意有效组合。比较运算符包括＝、<、>、<>、! >、! <、>=、<=、! =。

【例5-23】 显示"图书信息"表中图书类别是"计算机"类的图书信息,结果如图5-29所示。

	图书编号	图书名称	作者	图书类...	出版社名称	出版日期
1	100001	软件工程	汪洋	计算机	电子出版社	2007-09-08 00:00:00.000
2	100002	sql server2000	张亮	计算机	电子出版社	2008-07-06 00:00:00.000
3	100004	java语言程序设计	张魁	计算机	机械出版社	2006-06-05 00:00:00.000
4	100005	软件工程	周立	计算机	高教出版社	2008-06-05 00:00:00.000

图5-29 计算机类图书

查询语句如下:

SELECT ＊ FROM 图书信息 WHERE 图书类别＝'计算机'

(2)逻辑表达式作查询条件

使用逻辑表达式作为查询条件的一般表达形式是:

表达式1 AND|OR 表达式2,或 NOT 表达式

【例5-24】 显示"图书信息"表中,图书类别是"计算机"类并且是电子出版社的图书信息,结果如图5-30所示。

	图书编号	图书名称	作者	图书类...	出版社名称	出版日期
1	100001	软件工程	汪洋	计算机	电子出版社	2007-09-08 00:00:00.000
2	100002	sql server2000	张亮	计算机	电子出版社	2008-07-06 00:00:00.000

图5-30 AND条件查询

查询语句如下:

SELECT ＊ FROM 图书信息 WHERE 图书类别＝'计算机'AND 出版社名称＝'电子出版社'

(3)范围条件选择查询

查询的条件如果是一个范围,则使用逻辑运算符 BETWEEN.... AND,其语法格式为:

表达式 [NOT] BETWEEN 表达式1 AND 表达式2

其中 BETWEEN 后是范围的下限(即低值),AND 后是范围的上限(即高值)。使用 BETWEEN 限制查询数据范围时同时包括了边界值,而使用 NOT BETWEEN 进行查询时没有包括边界值。

【例5-25】 显示"图书信息"表中定价在20元和30元之间的图书信息,结果如图5-31所示。

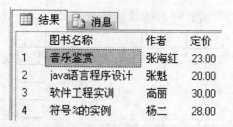

图 5-31　范围查询

查询语句如下：

　　SELECT 图书名称,作者,定价 FROM 图书信息 WHERE 定价 BETWEEN 20 AND 30

（4）列表条件选择查询

使用逻辑运算符 IN 可以查询符合列表中任何一个值的数据,语法格式为：

　　表达式 [NOT] IN(表达式 1,表达式 2[,… 表达式 n])

如果"表达式"的值是谓词 IN 后面括号中列出的表达式 1,表达式 2…表达式 n 的值之一,则条件为真。

【例 5-26】 显示"图书信息"表中计算机类、数学类图书信息,结果如图 5-32 所示。

	图书编号	图书名称	作者	图书类...	出版社名称	出版日期
1	100001	软件工程	汪洋	计算机	电子出版社	2007-09-08 00:00:00.000
2	100002	sql server2000	张亮	计算机	电子出版社	2008-07-06 00:00:00.000
3	100004	java语言程序设计	张魁	计算机	机械出版社	2006-06-05 00:00:00.000
4	100005	软件工程	周立	计算机	高教出版社	2008-06-05 00:00:00.000
5	100006	数学习题	李强	数学	电子出版社	2006-04-07 00:00:00.000

图 5-32　列表查询

查询语句如下：

　　SELECT * FROM 图书信息 WHERE 图书类别 IN('计算机','数学')

（5）字符串匹配条件的选择查询

逻辑运算符 LIKE 用于测试一个字符串是否与给定的模式相匹配。所谓模式,是一种特殊的字符串,其特殊之处在于它不仅可以包含普通字符,还可以包含通配符,用于表示任意的字符串。在实际应用中,如果需要从数据库中检索一批记录,但又不能给出精确的查询条件,可以使用 LIKE 运算符和通配符来实现模糊查询。

语法格式：表达式 [NOT] LIKE <匹配串>

<匹配串>可以是一个完整的字符串,也可以含有通配符。

SQL Server 提供了以下 4 种通配符供用户灵活实现复杂的查询条件。

① _（下划线）：代表单个字符或一个汉字。一个全角字符也算一个字符。

【例 5-27】 显示"图书信息"表中作者名是两个字并且姓张的图书信息,结果如图 5-33 所示。

	图书编号	图书名称	作者	图书类...	出版社名称	出版日期
1	100002	sql server2000	张亮	计算机	电子出版社	2008-07-06 00:00:00.000
2	100004	java语言程序设计	张魁	计算机	机械出版社	2006-06-05 00:00:00.000

图 5-33 使用通配符"_"

查询语句如下：

SELECT ＊ FROM 图书信息 WHERE 作者 LIKE ＇张_＇

② %（百分号）：代表 0 个或多个字符。

【例 5-28】 显示"图书信息"表中作者姓张的图书信息，结果如图 5-34 所示。

	图书编号	图书名称	作者	图书类...	出版社名称	出版日期
1	100002	sql server2000	张亮	计算机	电子出版社	2008-07-06 00:00:00.000
2	100003	音乐鉴赏	张海红	艺术	北京出版社	2008-09-08 00:00:00.000
3	100004	java语言程序设计	张魁	计算机	机械出版社	2006-06-05 00:00:00.000

图 5-34 使用通配符"%"

查询语句如下：

SELECT ＊ FROM 图书信息 WHERE 作者 LIKE ＇张%＇

③ [ ]：代表指定范围（如[x－z]）或集合（如[aceg]）中的任意一个字符。

【例 5-29】 显示"图书信息"表中作者姓张、李、王的图书信息，结果如图 5-35 所示。

	图书编号	图书名称	作者	图书类...	出版社名称	出版日期
1	100002	sql server2000	张亮	计算机	电子出版社	2008-07-06 00:00:00.000
2	100003	音乐鉴赏	张海红	艺术	北京出版社	2008-09-08 00:00:00.000
3	100004	java语言程序设计	张魁	计算机	机械出版社	2006-06-05 00:00:00.000
4	100006	数学习题	李强	数学	电子出版社	2006-04-07 00:00:00.000
5	100007	软件工程概论	王晓云	计算机	高教出版社	2008-05-04 00:00:00.000

图 5-35 使用通配符"[ ]"

查询语句如下：

SELECT ＊ FROM 图书信息 WHERE 作者 LIKE ＇[张李王]%＇

④ [∧]：代表不属于指定范围（如[∧x－z]）或集合（如[∧aceg]）的任意一个字符。

【例 5-30】 显示"图书信息"表中作者不是姓张、李、王的图书信息，结果如图 5-36 所示。

查询语句如下：

SELECT ＊ FROM 图书信息 WHERE 作者 LIKE ＇[∧张李王]%＇

注意：通配符和字符串必须括在单引号中。

图 5-36 使用通配符"[∧]"

如果要查找的字段中正好包含有_、%、[]和[∧]时,可以使用 ESCAPE 子句来告诉系统_、%、[]和[∧]只是一个普通的字符,而不是一个通配符。具体做法是在<匹配串>中要作为普通字符出现的通配符之前加上一个字符,然后在 ESCAPE 的后面指明,也可以用方括号将它们括起来。

【例 5-31】 显示"图书信息"表中图书名称包含有"%"的图书信息,结果如图 5-37 所示。

图 5-37 通配符作为普通字符

查询语句如下:

① SELECT ＊ FROM 图书信息 WHERE 图书名称 LIKE '%!%%'ESCAPE '!'

② SELECT ＊ FROM 图书信息 WHERE 图书名称 LIKE '%[%]%'

其中①中第一、第三个%为通配符,中间的%为普通字符,由转义字符"!"引出,并在 ESCAPE 后面说明,转义字符可以是除了通配符外的其他字符、数字等。

（6）NULL 值的选择查询

当需要判定一个表达式的值是否为空值（NULL）时,使用 IS NULL 关键字。不能用 "="代替,格式为:EXPRESSION IS [NOT] NULL。

【例 5-32】 显示"租借信息"表中所有正在被借阅的图书即还书日期为空的图书,结果如图 5-38 所示。

图 5-38 NULL 查询

查询语句如下：

    SELECT ＊ FROM 租借信息 WHERE 还书日期 IS NULL

4）INTO 子句

使用 INTO 子句允许用户定义一个新表，并且把 SELECT 子句的数据插入到新表中，其语法格式如下：

    SELECT ＜字段列表＞

    INTO 新表名

    FROM ＜表名列表＞

    WHERE 查询条件

使用 INTO 子句插入数据时，应注意以下几点：

（1）新表不能存在，否则会产生错误信息。

（2）新表中的列和行是基于查询结果集的。

（3）使用该子句必须在目的数据库中具有 CREATE TABLE 权限。

（4）如果新表名称的开头为"♯"，则生成的是临时表。

注意：使用 INTO 子句，通过在 WHERE 子句中设置查询条件为 FALSE，可以创建一个和源表结构相同的空表。

【例 5-33】 查询"图书信息"表中字段"图书编号"、"图书名称"、"图书类别"、"作者"等信息，再将此查询结果保存在当前数据库的另一个表（"书籍"）中。

所使用的查询语句为：

    SELECT 图书编号，图书名称，图书类别，作者

    INTO 书籍

＊   FROM 图书信息

也可以将查询结果保存在另一个数据库中。

【例 5-34】 将上例中的查询结果保存在另一已存在的数据库"商品销售"中，表名仍为"书籍"。

所使用的语句为：

    SELECT 图书编号，图书类别，图书名称，出版社名称，作者，定价

    INTO 商品销售. dbo. 书籍

    FROM 图书信息

【例 5-35】 利用已有表"图书信息"创建一个新表，名为 TS，包括字段：图书编号，图书名称，作者，图书类别，出版社名称，定价。

所使用的语句为：

    SELECT 图书编号，图书名称，作者，图书类别，出版社名称，定价

    INTO TS

    FROM 图书信息

    WHERE 图书编号 IS NULL

5）ORDER BY 子句

（1）ORDER BY 子句的语法格式

对查询的结果进行排序,通过使用 ORDER BY 子句实现。语法格式如下:

ORDER BY 表达式 1 [ASC | DESC][,...n]]

其中,表达式给出排序依据,它可以是字段名也可以是字段别名。按照表达式的值升序(ASC)或降序(DESC)排列查询结果。在默认的情况下,ORDER BY 按升序进行排列,即默认使用的是 ASC 关键字。不能按 NTEXT、TEXT 或 IMAGE 类型的列排序,因此NTEXT、TEXT 或 IMAGE 类型的列不允许出现在 ORDER BY 子句中。NULL 值将被处理为最小值。

在 ORDER BY 子句中可以指定多个字段作为排序依据,这些字段在该子句中出现的顺序决定了结果集中记录的排列顺序。

首先按照最前面的排序表达式的值进行排序,如果存在多条记录该字段的值相同,则这些记录应该按照下一个排序表达式的值进行比较,决定记录的排列顺序。若第二个排序表达式的值仍然相同,则再看下一个……,以此类推。例如,在图书信息表中,想按图书类别、出版社名称和图书名称排序,则排序时"计算机"类别的书应排在一起,但哪一本书应在前面呢? 此时应该按第二个排序表达式"出版社名称"决定次序。假如有两本书它们的前两个排序表达式的值都相同,则再通过下一个排序表达式"图书名称"字段的值进行区分。因此,排序时若第一个排序字段的值有相同的记录,则记录排列顺序由下一个排序字段决定。否则,若第一个排序字段的值无相同的记录,则后面的排序表达式不起作用。

【例 5-36】 显示"图书信息"表中的所有列信息,结果集按"图书类别"字段进行排序,结果如图 5-39 所示。

	图书编号	图书名称	作者	图书类…	出版社名称	出版日期
1	100001	软件工程	汪洋	计算机	电子出版社	2007-09-08 00:00:00.000
2	100002	sql server2000	张亮	计算机	电子出版社	2008-07-06 00:00:00.000
3	100004	java语言程序设计	张魁	计算机	机械出版社	2006-06-05 00:00:00.000
4	100005	软件工程	周立	计算机	高教出版社	2008-06-05 00:00:00.000

图 5-39 按图书类别排序

查询语句如下:

SELECT * FROM 图书信息 ORDER BY 图书类别

【例 5-37】 显示"图书信息"表中的所有列信息,结果集按图书类别、出版社名称、作者进行排序,结果如图 5-40 所示。

	图书编号	图书名称	作者	图书类…	出版社名称
1	100001	软件工程	汪洋	计算机	电子出版社
2	100002	sql server2000	张亮	计算机	电子出版社
3	100007	软件工程概论	王晓云	计算机	高教出版社
4	100009	实用软件工程	吴明	计算机	高教出版社
5	100005	软件工程	周立	计算机	高教出版社
6	100004	java语言程序设计	张魁	计算机	机械出版社
7	100008	软件工程实训	高丽	计算机	西电出版社
8	100006	数学习题	李强	数学	电子出版社
9	100010	%的应用	邱磊	数学	高教出版社
10	100012	符号%的实例	杨二	数学	人民出版社

图 5-40 按多个字段排序

查询语句如下：

SELECT ＊ FROM 图书信息 ORDER BY 图书类别,出版社名称,作者

（2）TOP 或 TOP... WITH TIES 子句与 ORDER BY 子句

通过在 SELECT 语句中使用 TOP 子句,可以查询表最前面的若干条记录。这里分两种情况:如果在 SELECT 语句中没有使用 ORDER BY 子句,则按照录入顺序返回前面的若干条记录;如果使用了 ORDER BY 子句,则按照排序后的顺序返回前面若干条记录。在这种情况下,如果有多条记录排序字段的值与最后一条记录相同,则只显示位置在前面的记录;如果需要将排序字段值相等的那些记录一并显示出来,则在 SELECT 语句中 TOP 后面添加 WITH TIES 即可。WITH TIES 必须与 TOP 一起使用,而且只能与 ORDER BY 子句一起使用。

【例 5-38】 将"图书信息"表所有记录按"图书类别"字段排序后显示前面 4 条,结果如图 5-41 所示。

	图书编号	图书名称	作者	图书类...	出版社名称	出版日期
1	100005	软件工程	周立	计算机	高教出版社	2008-06-05 00:00:00.000
2	100002	sql server2000	张亮	计算机	电子出版社	2008-07-06 00:00:00.000
3	100001	软件工程	汪洋	计算机	电子出版社	2007-09-08 00:00:00.000
4	100004	java语言程序设计	张魁	计算机	机械出版社	2006-06-05 00:00:00.000

图 5-41 使用 TOP 和 ORDER BY

查询语句如下：

SELECT TOP 4 ＊ FROM 图书信息 ORDER BY 图书类别

【例 5-39】 将"图书信息"表所有记录按"图书类别"字段排序后显示前面 4 条,包括与第 4 条记录"图书类别"值相同的后续记录,结果如图 5-42 所示。

	图书编号	图书名称	作者	图书类...	出版社名称	出版日期
1	100001	软件工程	汪洋	计算机	电子出版社	2007-09-08 00:00:00.000
2	100002	sql server2000	张亮	计算机	电子出版社	2008-07-06 00:00:00.000
3	100004	java语言程序设计	张魁	计算机	机械出版社	2006-06-05 00:00:00.000
4	100005	软件工程	周立	计算机	高教出版社	2008-06-05 00:00:00.000
5	100007	软件工程概论	王晓云	计算机	高教出版社	2008-05-04 00:00:00.000
6	100008	软件工程实训	高丽	计算机	西电出版社	2008-03-02 00:00:00.000
7	100009	实用软件工程	吴明	计算机	高教出版社	2005-05-06 00:00:00.000

图 5-42 使用 TOP WITH TIES 和 ORDER BY

查询语句如下：

SELECT TOP 4 WITH TIES ＊ FROM 图书信息 ORDER BY 图书类别

5.3.4 使用 SELECT 语句进行统计检索

为了进一步方便用户,增强检索功能,SELECT 语句中的统计功能可以对查询结果集进行求和、求平均值、求最大最小值等操作。统计的方法是通过聚合函数和 GROUP BY 子句、COMPUTE 子句进行组合来实现。

1) 聚合函数

聚合函数也称统计函数,常用的统计函数见表 5-2。

表 5-2　SQL Server 的统计函数

函数名	功　　能
SUM()	对数值型列或计算列求总和
AVG()	对数值型列或计算列求平均值
MAX()	返回一个数值列或数值表达式的最大值
MIN()	返回一个数值列或数值表达式的最小值
COUNT()	返回满足 SELECT 语句中指定条件的记录个数
COUNT(*)	返回所有记录的总行数

语法格式如下:统计函数([ALL｜DISTINCT] EXPRESSION)

如果指定 DISTINCT 短语,则表示在计算时要取消指定列中的重复值。如果不指定 DISTINCT 短语或指定 ALL 短语(ALL 为缺省值),则表示不取消重复值。

SUM、AVG 函数只能用于数值型字段,而且 NULL 值将被忽略。MAX 函数、MIN 函数表达式可以是数值型、字符串型和日期时间型等,也可以是由常数、字段名以及函数构成的上述类型的表达式。

COUNT 函数有以下 3 种用法:

(1) COUNT(*):返回结果集中的记录总数,包括 NULL 值和重复值在内。

(2) COUNT(ALL 表达式):返回结果集中的记录总数,不包括 NULL 值,但包括重复值在内。

(3) COUNT(DISTINCT 表达式):返回结果集中的记录总数,不包括 NULL 值和重复值在内。

【例 5-40】 计算"图书信息"表中计算机类图书的定价总和,结果如图 5-43 所示。

图 5-43　定价总和

查询语句如下:

SELECT SUM(定价) AS 定价总和 FROM 图书信息 WHERE 图书类别=ʹ计算机ʹ

【例 5-41】 计算"图书信息"表中计算机类图书的平均价格,结果如图 5-44 所示。

图 5-44 平均价格

查询语句如下:

SELECT AVG(定价) AS 平均价格 FROM 图书信息 WHERE 图书类别 = '计算机'

【例 5-42】 查询"图书信息"表中计算机类图书的最高定价、最低定价,结果如图 5-45 所示。

图 5-45 最高价格、最低价格

查询语句如下:

SELECT MAX(定价) AS 最高价格,MIN(定价) AS 最低价格

FROM 图书信息 WHERE 图书类别 = '计算机'

【例 5-43】 统计"图书信息"表中的图书总数,结果如图 5-46 所示。

查询语句如下:

SELECT COUNT(*) AS 图书总数 FROM 图书信息

图 5-46 图书总数

【例 5-44】 统计"图书信息"表中包含几个出版社的书,结果如图 5-47 所示。

查询语句如下:

SELECT COUNT(DISTINCT 出版社名称) AS 出版社总数 FROM 图书信息

图 5-47 出版社数目

2) GROUP BY 子句

在大多数情况下使用统计函数,返回的是所有行数据的统计结果。如果需要按某一字段数据的值进行分组,在分组的基础上再进行统计计算,就需要使用 GROUP BY 子句了。数据分组是指通过 GROUP BY 子句按一定的条件对查询到的结果进行分组,再对每一组数据统计计算。

语法格式如下:

GROUP BY 列名

[HAVING 条件表达式]

HAVING 条件表达式选项是对生成的组进行筛选。TEXT、NTEXT、IMAGE 以及 BIT 数据类型的字段不能用在分组表达式中。

注意:在 GROUP BY 子句中,字段别名不能作为分组表达来使用。SELECT 后面出现的列,或者包含在统计函数中,或者包含在 GROUP BY 子句,否则,SQL Server 将返回错误信息。

【例 5-45】 计算"图书信息"表中各类图书的册数,结果如图 5-48 所示。

查询语句如下:

SELECT 图书类别,COUNT(*) AS 册数 FROM 图书信息

GROUP BY 图书类别

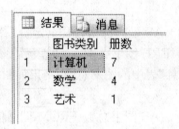

图 5-48 各类图书册数

【例 5-46】 在"图书信息"表中,求出"计算机"、"数学"和"艺术"3 种类别的图书的价格总和以及平均价格,结果如图 5-49 所示。

查询语句如下:

SELECT 图书类别, SUM(定价) AS 总价格, AVG(定价) AS 平均价格

FROM 图书信息

WHERE 图书类别 IN('计算机','数学','艺术')

GROUP BY 图书类别

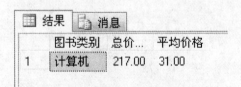

图 5-49 分组求总价和平均价

【例5-47】　在"图书信息"表中找出所有类别图书中的平均价格大于20元的图书类别信息,结果如图5-50所示。

图5-50　HAVING 筛选

查询语句如下:

SELECT 图书类别,AVG(定价) AS 平均价格

FROM 图书信息

GROUP BY 图书类别

HAVING AVG(定价)>20

注意:WHERE 子句是对表中的记录进行筛选,而 HAVING 子句是对组内的记录进行筛选。在 HAVING 子句中可以使用集合函数,并且其统计运算的集合是组内的所有列值,而 WHERE 子句中不能使用集合函数。

3) COMPUTE 子句

(1) COMPUTE 子句

使用 COMPUTE 子句允许同时浏览查询所得的各字段数据的细节以及统计各字段数据所产生的总和。它既可以计算数据分类后的和,又可以计算所有数据的总和。

语法格式为:

COMPUTE 集合函数

【例5-48】　在"图书信息"表中检索"图书类别"为"计算机"的记录,并求出最高价、最低价以及平均价,结果如图5-51所示。

	图书名称	图书类...	定价
1	软件工程	计算机	10.00
2	sql server2000	计算机	50.00
3	java语言程序设计	计算机	20.00
4	软件工程	计算机	60.00

	max	min	avg
1	60.00	10.00	31.00

图5-51　COMPUTE 子句

查询语句如下:

SELECT 图书名称,图书类别,定价

　　　　FROM 图书信息

　　　　WHERE 图书类别＝'计算机'

　　　　COMPUTE MAX(定价)，MIN(定价)，AVG(定价)

　（2）COMPUTE BY 子句

　　使用 COMPUTE BY 子句，它对 BY 后面给出的列进行分组显示，并计算该列的分组小计，其语法格式如下：

　　　　COMPUTE 集合函数 BY 分类表达式

　　注意：

　　① COMPUTE 或 COMPUTE BY 子句中的表达式必须出现在选择列表中，并且必须将其指定为与选择列表中的某个表达式完全一样，不能使用在选择列表中指定的列的别名。

　　② 在 COMPUTE 或 COMPUTE BY 子句中不能指定为 NTEXT、TEXT 和 IMAGE 数据类型。

　　③ 如果使用 COMPUTE BY，则必须也使用 ORDER BY 子句。表达式必须与在 ORDER BY 后列出的子句相同或是其子集，并且必须按相同的序列。例如，如果 ORDER BY 子句是 ORDER BY a,b,c，则 COMPUTE 子句可以是下面的任意一个：

　　　　COMPUTE BY a,b,c

　　　　COMPUTE BY a,b

　　　　COMPUTE BY a

　　④ 在 SELECT INTO 语句中不能使用 COMPUTE。因此，任何由 COMPUTE 生成的计算结果不出现在用 SELECT INTO 语句创建的新表内。

　　【例 5-49】 从"图书信息"表中检索记录，列出每本书的定价以及每类书的最高价、最低价、平均价，结果如图 5-52 所示。

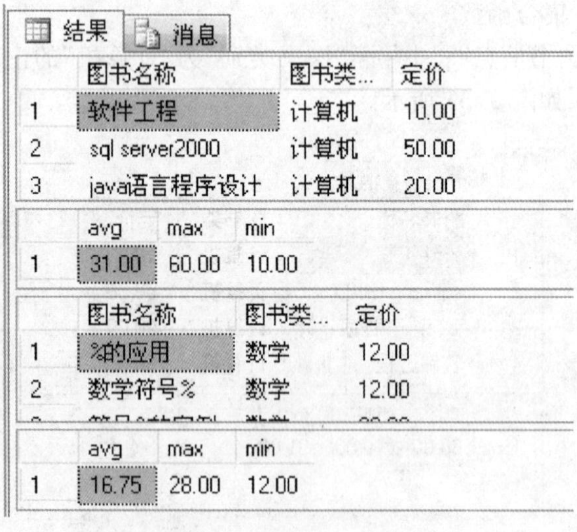

图 5-52　COMPUTE BY 子句

查询语句如下：

　　SELECT 图书名称，图书类别，定价

FROM 图书信息

ORDER BY 图书类别

COMPUTE　AVG(定价),MAX(定价),MIN(定价)

BY 图书类别

5.3.5　使用 SELECT 语句进行多表数据检索

前面的所有查询都是针对一张表进行的,但是在实际工作中,我们所查询的内容往往涉及多张表。通过使用各种联接(JOIN)运算建立表之间的联接,就可以获得由两个或更多表组成的结果集,即可以进行多表数据查询。

联接查询的目的是通过加载联接字段条件将多个表联接起来,以便从多个表中检索用户所需要的数据。在 SQL Server 中联接查询类型分为内联接、外联接、交叉联接、自联接。联接条件可在 FROM 或 WHERE 子句中指定,建议在 FROM 子句中指定联接条件。WHERE 和 HAVING 子句也可以包含搜索条件,以进一步筛选联接条件所选的行。

1) 内联接

内联接也叫自然联接,它是组合两个表的常用方法。内联接使用比较运算符,根据每个表共有的列的值匹配两个表中的行。表的联接条件经常采用"主键＝外键"的形式。内联接有以下两种语法格式:

(1) SELECT 列名列表 FROM 表名 1〔INNER〕JOIN 表名 2　ON 表名 1.列名＝表名 2.列名

(2) SELECT 列名列表 FROM 表名 1,表名 2 WHERE 表名 1.列名＝表名 2.列名

当 FROM 子句中指定了两个表,而这两个表又有同名字段,则使用这些字段时应在其字段名前冠以表名,以示区别。例如,"学生信息"表和"租借信息"表中都有"借书证号"字段,当要选取"学生信息"表中的"借书证号"字段时,就要在字段列表中写上"学生信息.借书证号"(或用"别名.借书证号")。

【例 5-50】　查询借书学生的借书证号、姓名以及所借阅图书的编号、借书日期、还书日期,结果如图 5-53 所示。

	借书证号	姓名	图书编…	借书日期	还书日期
1	00002	李洪	100004	2006-04-09 00:00:00.000	2007-02-09 00:00:00.000
2	00003	王红	100001	2009-01-03 00:00:00.000	NULL
3	00001	王大力	100002	2009-02-09 00:00:00.000	NULL
4	00001	王大力	100003	2009-03-02 00:00:00.000	NULL

图 5-53　两表内联接

查询语句如下:

SELECT a.借书证号,姓名,图书编号,借书日期,还书日期

FROM 学生信息 AS a JOIN 租借信息 AS b

ON a. 借书证号＝b. 借书证号

或

SELECT a. 借书证号,姓名,图书编号,借书日期,还书日期

FROM 学生信息 a，租借信息 AS b

WHERE a. 借书证号＝b. 借书证号

【例 5-51】 查询借书学生的姓名、图书名称、借书日期、还书日期,结果如图 5-54 所示。

	姓名	图书名称	借书日期	还书日期
1	李洪	java语言程序设计	2006-04-09 00:00:00.000	2007-02-09 00:00:00.000
2	王红	软件工程	2009-01-03 00:00:00.000	NULL
3	王大力	sql server2000	2009-02-09 00:00:00.000	NULL
4	王大力	音乐鉴赏	2009-03-02 00:00:00.000	NULL

图 5-54 三表内联接

查询语句如下:

SELECT 姓名，图书名称，借书日期，还书日期

FROM 学生信息 AS A JOIN 租借信息 AS b

ON a. 借书证号＝b. 借书证号

JOIN 图书信息 AS c

ON b. 图书编号＝c. 图书编号

或

SELECT 姓名，图书名称，借书日期，还书日期

FROM 学生信息 a,租借信息 b,图书信息 c

WHERE a. 借书证号＝b. 借书证号 AND b. 图书编号＝c. 图书编号

2) 外联接

外联接分为左外联接、右外联接和完全外联接。

(1) 左外联接

语法格式为:

SELECT 列名列表 FROM 表名 1 AS a LEFT [OUTER] JOIN 表名 2 AS B

ON A. 列名＝B. 列名

左外联接的结果集包括 LEFT OUTER 子句中指定的左表的所有行,而不仅仅是与联接列所匹配的行。如果左表的某行在右表中没有匹配行,则在相关联的结果集行中右表的所有选择列均为空值。

【例 5-52】 查询所有学生的借书信息,结果如图 5-55 所示。

查询语句如下:

SELECT *

FROM 学生信息 AS a LEFT JOIN 租借信息 AS b

ON a. 借书证号＝b. 借书证号

图 5-55　左外联接

执行查询时,先从左表取出一条记录,然后与右表中的所有记录按"借书证号"进行比较。若有相同的值,则将右表中的这条记录与左表此记录组合成一条记录,直到左表这条记录与右表全部记录比较完,右表有几条与左表相同的记录,就形成几条记录。

再从左表取出第二条记录,与右表全部记录进行比较,重复前面过程,找出与左表第二条记录相匹配的右表中的记录(借书证号相同)……以此类推,找出左表与右表全部匹配的记录。若左表"学生信息"表中某个学生没有借过书,则这个学生的数据行的"租借信息"表中的各字段均为空值。

（2）右外联接

语法格式为:

SELECT 列名列表 FROM 表名 1 AS a RIGHT [OUTER] JOIN 表名 2 AS b ON a.列名＝b.列名

右外联接是左外联接的反向联接。右外联接的结果集包括 RIGHT OUTER 子句中指定的右表的所有行,而不仅仅是与联接列所匹配的行。如果右表的某行在左表中没有匹配行,则在相关联的结果集行中左表的所有选择列均为空值。

【例 5-53】　查询所有学生的借书信息,结果如图 5-56 所示。

图 5-56　右外联接

查询语句如下:

SELECT ＊

FROM 租借信息 AS a RIGHT JOIN 学生信息 AS b

ON a.借书证号＝b.借书证号

（3）完全外联接

语法格式如下：

> SELECT 列名列表 FROM 表名 1 AS a FULL［OUTER］JOIN 表名 2 AS b
> ON a. 列名＝b. 列名

完全外联接返回左表和右表中的所有行。当某行在另一个表中没有匹配行时，则另一个表的选择列表列包含空值。如果表之间有匹配行，则整个结果集行包含左表和右表的数据值。

3）交叉联接

交叉联接也叫非限制联接，它是将两个表不加任何约束地组合起来。也就是将第一个表的所有行分别与第二个表的每行形成一条新的记录，联接后该结果集的行数等于两个表的行数积，列数等于两个表的列数和。在数学上，就是两个表的笛卡儿积，在实际应用中一般是没有意义的，但在数据库的数学模式上有重要的作用。

语法结构如下：

（1）SELECT 列名列表 FROM 表名 1 CROSS JOIN 表名 2

（2）SELECT 列名列表 FROM 表名 1，表名 2

【例 5-54】 对学生信息表和租借信息表进行交叉联接，结果如图 5-57 所示。

	借书证号	姓名	学号	性…	班级	电话	借书册…	借阅…	借书证…
1	00001	王大力	20020101	男	2002-02	123456	5	10001	00002
2	00002	李洪	20020102	男	2002-02	111123	6	10001	00002
3	00003	王红	20020103	女	2002-03	554122	9	10001	00002
4	00004	于双	20020104	女	2003-03	552266	4	10001	00002
5	00001	王大力	20020101	男	2002-02	123456	5	10002	00003
6	00002	李洪	20020102	男	2002-02	111123	6	10002	00003

图 5-57 交叉联接

查询语句如下：

> SELECT ＊ FROM 学生信息 CROSS JOIN 租借信息

4）自联接

联接操作不仅可以在不同的表上进行，也可以在同一张表内进行自身联接，即将同一个表的不同行联接起来。自联接可以看作一张表的两个副本之间的联接。表名在 FROM 子句中出现两次，必须对表指定不同的别名，在 SELECT 子句中引用的列名也要使用表的别名进行限定，使之在逻辑上成为两张表。

【例 5-55】 显示"图书信息"表中"图书名称"相同但作者不同的图书信息，结果如图 5-58 所示。

查询语句如下：

> SELECT DISTINCT a. 图书名称，a. 作者
>
> FROM 图书信息 AS a JOIN 图书信息 AS b

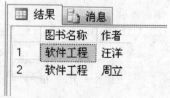

	图书名称	作者
1	软件工程	汪洋
2	软件工程	周立

图 5-58 自联接

ON a. 图书名称＝b. 图书名称

WHERE a. 作者＜＞b. 作者

5）合并查询

合并查询也称联合查询,是将两个或两个以上的查询结果合并,形成一个具有综合信息的查询结果。使用 UNION 语句可以把两个或两个以上的查询结果集合并为一个结果集。

其语法格式如下:

查询语句

注意:

（1）合并查询是将两个表(结果集)顺序联接。

（2）UNION 中的每一个查询所涉及的列必须具有相同的列数,相同位置的列的数据类型要相同。若长度不同,以最长的字段作为输出字段的长度。

（3）最后结果集中的列名来自第一个 SELECT 语句。

（4）最后一个 SELECT 查询可以带 ORDER BY 子句,对整个 UNION 操作结果集起作用。且只能用第一个 SELECT 查询中的字段作排序列。

（5）系统自动删除结果集中重复的记录,除非使用 ALL 关键字。

【例 5-56】　假如有三个表"计算机类图书"、"数学类图书"、"艺术类图书"分别存放图书类别为"计算机"、"数学"、"艺术"的图书相关信息,三个表的结构完全相同,把三个表的查询记录综合到一个查询结果中。

查询语句如下:

SELECT ＊ FROM 计算机类图书

UNION

SELECT ＊ FROM 数学类图书

UNION

SELECT ＊ FROM 艺术类图书

5.3.6　子查询

子查询是一个嵌套在 SELECT、INSERT、UPDATE 或 DELETE 语句或其他子查询中的查询。在 SELECT、INSERT、UPDATE 或 DELETE 命令中允许是一个表达式的地方均可以使用子查询。当从表中选取数据行的条件依赖于该表本身或其他表的联合信息时,需要使用子查询来实现。子查询也称为内部查询,而包含子查询的语句称为外部查询。SQL语言允许多层嵌套查询。即一个子查询中还可以嵌套其他子查询。

注意:子查询的 SELECT 语句中不能使用 ORDER BY 子句,ORDER BY 子句只能对最终查询结果排序。

1）嵌套子查询

嵌套子查询的执行不依赖于外部嵌套。其一般的求解方法是由里向外处理。即每个子查询在上一级查询处理之前求解,子查询的结果用于建立其父查询的查找条件。

（1）在 WHERE 条件中使用比较运算符的子查询

比较测试中的子查询是指父查询与子查询之间用比较运算符进行连接。但是用户必须确切地知道子查询返回的是一个单值,否则数据库服务器将报错。返回的单个值被外部查询的比较操作(如＝、！＝、＜、＜＝、＞、＞＝)使用,该值可以是子查询中使用集合函数得到的值。

【例 5-57】 查询"图书信息"表中所有定价低于平均定价的图书,结果如图 5-59 所示。

	图书名称	图书类...	作者	出版社名称	定价
1	软件工程	计算机	汪洋	电子出版社	10.00
2	音乐鉴赏	艺术	张海红	北京出版社	23.00
3	java语言程序设计	计算机	张魁	机械出版社	20.00
4	数学习题	数学	李强	电子出版社	15.00
5	实用软件工程	计算机	吴明	高教出版社	12.00
6	%的应用	数学	邱磊	高教出版社	12.00
7	数学符号%	数学	周鸽	西电出版社	12.00

图 5-59　使用比较运算符的子查询

查询语句如下:

```
SELECT 图书名称,图书类别,作者,出版社名称,定价
FROM 图书信息
WHERE 定价<(SELECT AVG(定价) AS 平均价格 FROM 图书信息)
```

(2) 在 WHERE 条件中使用 IN 的子查询

使用 IN 的子查询是指父查询与子查询之间用 IN 或 NOT IN 进行联接,判断某个属性列值是否在子查询的结果中,通常子查询的结果是一个集合。IN 表示属于,即外部查询中用于判断的表达式的值与子查询返回的值列表中的一个值相等;NOT IN 表示不属于。

【例 5-58】 查询被读者借过的图书信息,结果如图 5-60 所示。

查询语句如下:

```
SELECT 图书编号,图书名称
FROM 图书信息
WHERE 图书编号 IN(SELECT 图书编号 FROM 租借信息)
```

	图书编号	图书名称
1	100001	软件工程
2	100002	sql server2000
3	100003	音乐鉴赏
4	100004	java语言程序设计

图 5-60　使用 IN 的子查询

(3) 在 WHERE 条件中使用 ANY 或 ALL 修饰比较运算符的子查询

① 使用 ANY 关键字的比较测试

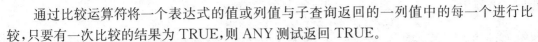

通过比较运算符将一个表达式的值或列值与子查询返回的一列值中的每一个进行比较,只要有一次比较的结果为 TRUE,则 ANY 测试返回 TRUE。

【例 5-59】 在"图书信息"表中找出"计算机"类的图书中定价比"数学"类的最低定价高的图书信息。

查询语句如下:

> SELECT 图书名称,图书类别,出版社名称,定价
> FROM 图书信息
> WHERE 图书类别＝′计算机′ AND 定价＞ANY

(SELECT 定价 FROM 图书信息 WHERE 图书类别＝′数学′)

② 使用 ALL 关键字的比较测试

通过比较运算符将一个表达式的值或列值与子查询返回的一列值中的每一个进行比较,只要有一次比较的结果为 FALSE,则 ALL 测试返回 FALSE。

【例 5-60】 在"图书信息"表中,找出"计算机"类的图书中定价比"数学"类的最高定价还高的图书信息。

查询语句如下:

> SELECT 图书名称,图书类别,出版社名称,定价
> FROM 图书信息
> WHERE 图书类别＝′计算机′ AND 定价＞ALL

(SELECT 定价 FROM 图书信息 WHERE 图书类别＝′数学′)

③ ANY 和 ALL 的区别如表 5-3 所示。

表 5-3　ANY 与 ALL 的比较

ALL	执行条件	ANY	执行条件
＞ALL(1,2,3,4)	大于 4	＞ANY(1,2,3,4)	大于 1
＜ALL(1,2,3,4)	小于 1	＜ANY(1,2,3,4)	小于 4
＝ALL(1,2,3,4)	全部等于	＝ANY(1,2,3,4)	满足其中一个即可
＜＞ALL(1,2,3,4)	全部不等于	＜＞ANY(1,2,3,4)	显示全部数据四个值

2) 相关子查询

相关子查询,是指在子查询中,子查询的查询条件中引用了外层查询表中的字段值。相关子查询的结果集取决于外部查询当前的数据行,这一点是与嵌套子查询不同的。嵌套子查询和相关子查询在执行方式上也有不同,嵌套子查询的执行顺序是先内后外,即先执行子查询,然后将子查询的结果作为外层查询的查询条件的值;而在相关子查询中,首先选取外层查询表中的第一行记录,内层的子查询则利用此行中相关的字段值进行查询,然后外层查询根据子查询返回的结果判断此行是否满足查询条件,如果满足查询条件,则把该行放入外层查询结果集中,重复执行这一过程,直到处理完外层查询表中的每一行数据。通过对相关子查询执行过程的分析可知,相关子查询的执行次数是由外层查询的行数决定的。

【例 5-61】 查询"图书信息"表中大于该类图书定价平均值的图书信息。结果如图 5-61 所示。

结果　消息

	图书名称	出版社名称	定价	图书类别
1	软件工程概论	高教出版社	35.00	计算机
2	sql server2000	电子出版社	50.00	计算机
3	软件工程	高教出版社	60.00	计算机
4	符号%的实例	人民出版社	28.00	数学

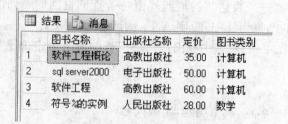

图 5-61　相关子查询

查询语句如下：

```
SELECT 图书名称，出版社名称，定价，图书类别
FROM 图书信息 AS a
WHERE 定价>
(SELECT AVG(定价) FROM 图书信息 AS b WHERE a.图书类别= b.图书类别)
```

可以在 WHERE 条件中使用 EXISTS 或 NOT EXISTS 来进行相关子查询。使用 EXISTS 关键字引入一个子查询时，相当于进行一次存在测试，外部查询的 WHERE 子句测试子查询返回的行是否存在。子查询实际上不产生任何数据，它只返回 TRUE 或 FALSE。

【例 5-62】 利用 EXISTS 查询所有借过图书的信息。结果如图 5-62 所示。

查询语句如下：

```
SELECT 图书信息.图书编号,图书名称,作者
FROM 图书信息
WHERE EXISTS(SELECT * FROM 租借信息 WHERE 租借信息.图书编号=
图书信息.图书编号)
```

结果　消息

	图书编号	图书名称	作者
1	100001	软件工程	汪洋
2	100002	sql server2000	张亮
3	100003	音乐鉴赏	张海红
4	100004	java语言程序设计	张魁

图 5-62　使用 EXISTS 的子查询

5.4　拓展训练

实验　查询数据

一、实验目的

(1) 熟练掌握 SELECT 语句的语法格式。

(2) 掌握联接的几种方法。

（3）掌握子查询的表示和执行。

（4）能够对 SELECT 查询结果进行分组、排序及统计。

二、实验内容

利用"学生成绩管理系统"数据库及表，做如下查询操作：

（1）在"学生表"中找出性别为"女"的学生记录，字段包括"学号"、"姓名"和"专业"。

（2）在"课程表"中找出"课程名"中包含"计算机"三个字的课程。

（3）在"成绩表"中找出"课程编号"为"001"的课程成绩前三名学生。

（4）在"成绩表"、"学生表"和"课程表"中找出"课程编号"为"001"的课程成绩在[80，90]之间的学生的姓名、课程名和成绩。

（5）在"学生表"中找出"专业"为"计算机软件"、"电子商务"专业的学生信息。

（6）统计"计算机应用基础"课程的平均分。

（7）查找各门课程的修课人数。

（8）在"成绩表"中找出课程编号为"001"这门课程的所有学生的分数以及最高分、最低分和平均分。

（9）找出所有女生的"计算机应用基础"这门课的成绩，包括字段：姓名、课程名、成绩。

（10）查找"成绩表"中课程编号为"001"的成绩高于平均分的所有学生的学号、姓名、课程名和成绩。

（11）查找"成绩表"中高于各门课程平均分的学生信息。

（12）查找"课程表"中没有被学生修课的课程信息。

5.5 练习题

一、选择题

1. 有关 SELECT colA colB FROM table_name 语句，请问（   ）是正确的。

A. 该语句不能正常执行，因为出了语法错误

B. 该语句可以正常执行，其中 colA 是 colB 的别名

C. 该语句可以正常执行，其中 colB 是 colA 的别名

D. 该语句可以正常执行，其中 colA、colB 是两个不同的别名

2. 在 Transact-SQL 的模式匹配中，使用（   ）表示匹配任意长度的字符串。

A. *   B. _   C. %   D. ♯

3. 下面关于 WHERE 语句和 HAVING 语句的描述正确的是（   ）。

A. WHERE 和 HAVING 语句都引导搜索条件，它们是等价的

B. WHERE 语句和 HAVING 语句不能同时使用在一个查询操作中

C. HAVING 语句用于组或者聚合函数的搜索条件，它常用于 GROUP BY 子句后

D. 一般来说，WHERE 语句的效率高于 HAVING 语句，所以最好使用 WHERE 引导搜索条件

4. 下面是有关分组技术的描述，描述正确的是（   ）。

A. SELECT 子句中的非合计列必须出现在 GROUP BY 子句中

B. SELECT 子句中的非合计列可以不出现在 GROUP BY 子句中

C. SELECT 子句中的合计列必须出现在 GROUP BY 子句中

D. SELECT 子句中的合计列可以不出现在 GROUP BY 子句中

5. 可以完成两个查询语句的集合差操作的运算符是（　　　）。

A. UNION
B. EXCEPT

C. INTERSECT
D. COUNT

二、填空题

1. 在 SELECT 语句中，_____子句和_____子句是必选项，其他子句均为可选项。

2. _____子句用于将查询结果集存储到一个新的数据库表中。

3. _____子句用于指出所查询的表名以及各表之间的逻辑关系。

4. _____子句用于指定对记录的过滤条件。

5. _____子句用于对查询到的记录进行分组。

6. _____子句用于指定分组统计条件，要与 GROUP BY 子句一起使用。

7. _____子句用于对查询到的记录进行排序处理。

8. 使用_____关键字可以查询符合列表中任何一个值的数据。

三、问答题

1. SELECT 语句由哪些子句构成？其作用是什么？

2. 通配符有几种？各代表什么含义？

3. SQL 中常用的统计函数是什么？各能作用于什么数据类型？

4. 外联接有几种？各自的特点是什么？

5. 简述嵌套子查询和相关子查询的特点及查询语句的执行过程。

视图的创建及查询操作；

创建并调用存储过程；

创建、修改、删除触发器；

创建并调用自定义函数；

索引的创建及维护。

6.1 任务描述

(1) 创建视图并利用该视图查询信息。

(2) 创建并调用存储过程。

(3) 创建一个 UPDATE 触发器。

(4) 创建并调用用户自定义函数。

(5) 索引的创建及维护。

6.2 解决方案

6.2.1 创建视图并利用该视图查询信息

【操作解析】

本任务分为两步：第一步，在数据库中查询各公司不同订单的销售金额，并将销售金额大于 2500 的记录保存为视图 v_sv；第二步，视图创建好后，可以对视图进行信息查询。本步骤中要在该视图中查询中硕贸易的销售金额。

【操作步骤】

(1) 创建视图，在查询窗口中执行如下 SQL 语句：

```
CREATE VIEW v_sv
AS
SELECT dbo. 订单. 订单 ID, dbo. 客户. 公司名称
SUM(CONVERT(money,(订单明细. 单价 * 订单明细. 数量) * (1—订单明细.
折扣)/100) * 100) AS 销售金额
```

FROM dbo. 客户 INNER JOIN dbo. 订单 INNER JOIN dbo. 订单明细

ON dbo. 订单. 订单 ID＝dbo. 订单明细. 订单 ID

ON dbo. 客户. 客户 ID＝dbo. 订单. 客户 ID

GROUP BY dbo. 订单. 订单 ID,dbo. 客户. 公司名称

 HAVING SUM（CONVERT（money，（订单明细. 单价 ＊ 订单明细. 数量）＊（1－订单明细. 折扣）/100）＊100）＞2500

SQL 语句执行后结果如图 6-1 所示。

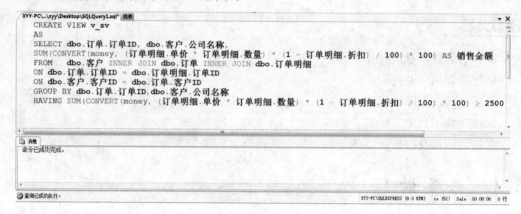

图 6-1　创建视图

(2) 在视图中,查询公司名称为"中硕贸易"的记录,在查询窗口中执行如下 SQL 语句:

USE Sale

SELECT ＊ FROM v_sv WHERE 公司名称＝'中硕贸易'

SQL 语句执行后结果如图 6-2 所示。

图 6-2　在视图中查询公司名称为"中硕贸易"的记录

6.2.2　创建并调用存储过程

1) 创建并调用一般的存储过程

【操作解析】

本任务要求创建一个存储过程 p_order,调用该存储过程返回订单客户的相关信息。

【操作步骤】

（1）创建存储过程 p_order，在查询窗口中执行如下 SQL 语句：

　　CREATE PROC p_order

　　AS

　　SELECT dbo. 订单. 订单 ID，dbo. 订单. 客户 ID，dbo. 客户. 公司名称，dbo. 客户. 地址，dbo. 客户. 邮政编码

　　FROM dbo. 订单 INNER JOIN dbo. 客户

　　ON dbo. 订单. 客户 ID＝dbo. 客户. 客户 ID

SQL 语句执行后结果如图 6-3 所示。

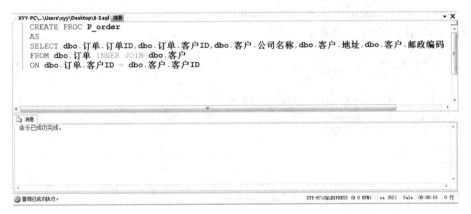

图 6-3　创建存储过程 p_order

（2）调用存储过程 p_order，在查询窗口中执行如下 SQL 语句：

　　USE Sale

　　EXECUTE p_order

SQL 语句执行后结果如图 6-4 所示。

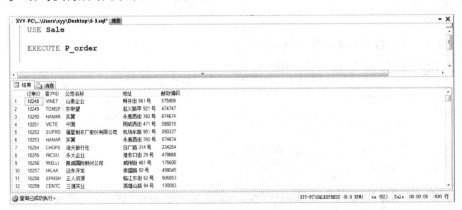

图 6-4　使用 EXECUTE 语句调用存储过程 p_order

2）创建并调用带参的存储过程

【操作解析】

本任务要求创建一个存储过程 p_orderDetail，并设置一个参数，用于查询特定公司的

相关信息。

【操作步骤】

(1) 创建存储过程 p_orderDetail，在查询窗口中执行如下 SQL 语句：

```
CREATE PROC p_orderDetail
@comNamenvarchar(40)
AS
SELECT A. 订单 ID，A. 客户 ID，B. 公司名称，B. 地址，B. 邮政编码
FROM dbo. 订单 AS A INNER JOIN dbo. 客户 AS B
ON A. 客户 ID＝B. 客户 ID
WHERE B. 公司名称＝@comName
```

SQL 语句执行后结果如图 6-5 所示。

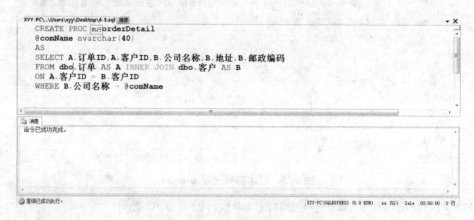

图 6-5　创建带参的存储过程 p_orderDetail

(2) 调用存储过程 p_orderDetail，查询公司名称为"中硕贸易"的记录，在查询窗口中执行如下 SQL 语句：

```
USE Sale
EXECUTE p_orderDetail'中硕贸易'
```

SQL 语句执行后结果如图 6-6 所示。

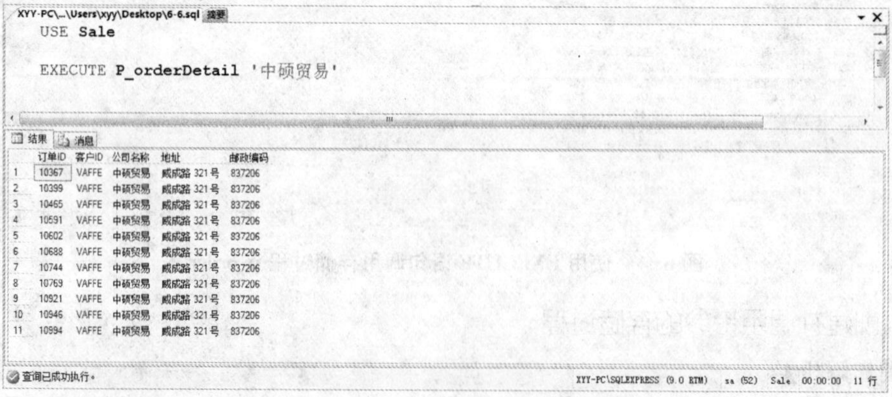

图 6-6　使用 EXECUTE 语句调用带参存储过程 p_orderDetail

6.2.3 创建一个 UPDATE 触发器

【操作解析】

本任务要求在订单表上创建一个 UPDATE 触发器，所实现的功能是当修改客户表上的客户 ID 时，其订单记录仍然与这个客户相关（也就是同时更改订单表的客户 ID）。

【操作步骤】

(1) 创建 UPDATE 触发器 p_update，在查询窗口中执行如下 SQL 语句：

```
USE Sale
GO
CREATE TRIGGER p_update ON 客户
FOR UPDATE
AS
IF UPDATE(客户 ID)
  BEGIN
    UPDATE 订单
    SET 客户 ID＝Inserted. 客户 ID
    FROM 订单, DELETED, Inserted
    WHERE 订单. 客户 ID＝DELETED. 客户 ID
    PRINT '修改成功！'
  END
```

SQL 语句执行后结果如图 6-7 所示。

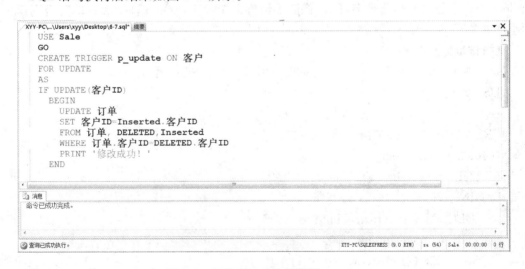

图 6-7 创建 UPDATE 触发器 p_update

(2) 触发器创建成功后，用 UPDATE 语句更新客户表中客户 ID 为 "ALFKI" 的记录，同时，也更新了订单表中的相关记录，在查询窗口中执行如下 SQL 语句：

```
USE Sale
GO
```

　　　　　UPDATE 客户 SET 客户 ID=′AAAA′
　　　　　WHERE 客户 ID=′ALFKI′
SQL 语句执行后结果如图 6-8 所示。

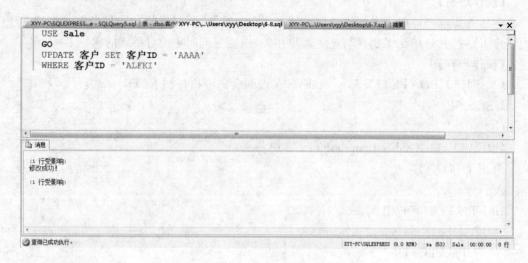

図 6-8　检验 UPDATE 触发器 p_update

6.2.4　创建并调用用户自定义函数

【操作解析】

　　本任务要求在数据库上创建自定义函数,根据向该函数输入代表订单销售金额的 money 类型参数的大小返回字符串,若订单销售金额大于 5000,返回"大订单",否则返回"小订单"。

【操作步骤】

　　(1) 创建自定义函数 f_com,在查询窗口中执行如下 SQL 语句:

USE Sale

GO

CREATE FUNCTION f_com

(@moneyinput money)

RETURNS nvarchar(5)

BEGIN

　　DECLARE @returnstring nvarchar(5)

　　　IF @moneyinput<5000

　　　　SET @returnstring=′大订单!′

　　　ELSE

　　　　SET @returnstring=′小订单!′

　　RETURN @returnstring

END

SQL 语句执行后结果如图 6-9 所示。

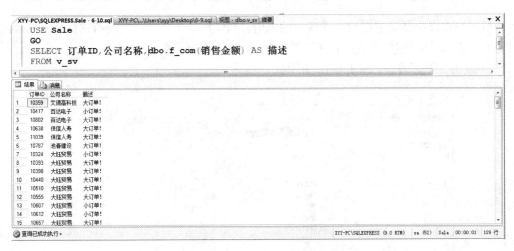

```
USE Sale
GO
CREATE FUNCTION f_com
(@moneyinput money)
RETURNS nvarchar(5)
BEGIN
    DECLARE @returnstring nvarchar(5)
      IF @moneyinput < 5000
        SET @returnstring = '大订单！'
      ELSE
        SET @returnstring = '小订单！'
    RETURN @returnstring
END
```

图 6-9 创建自定义函数 f_com

（2）在 6.2.1 中，我们创建了视图 v_sv。通过该视图来调用创建的自定义函数 f_com，判断订单的类型，在查询窗口中执行如下 SQL 语句：

USE Sale

GO

SELECT 订单 ID,公司名称,dbo.f_com（销售金额）AS 描述

FROM v_sv

SQL 语句执行后结果如图 6-10 所示。

```
USE Sale
GO
SELECT 订单ID,公司名称,dbo.f_com(销售金额) AS 描述
FROM v_sv
```

	订单ID	公司名称	描述
1	10359	艾德高科技	大订单！
2	10417	百达电子	小订单！
3	10802	百达电子	大订单！
4	10638	保信人寿	大订单！
5	11039	保信人寿	大订单！
6	10787	池春建设	大订单！
7	10324	大钰贸易	小订单！
8	10393	大钰贸易	大订单！
9	10398	大钰贸易	大订单！
10	10440	大钰贸易	大订单！
11	10510	大钰贸易	大订单！
12	10555	大钰贸易	大订单！
13	10607	大钰贸易	小订单！
14	10612	大钰贸易	大订单！
15	10657	大钰贸易	大订单！

图 6-10 视图 v_sv 调用创建的自定义函数 f_com

6.2.5 索引的创建及分析

【操作解析】

本任务要求当用户按照公司名称或联系人姓名在客户表上查询信息时，可以提高其查

询速度。要提高按公司名称或联系人姓名查询信息的速度,就需要在该表的公司名称列和联系人姓名列上建立索引。建立索引后,如果利用索引查询的速度还不如扫描表的速度快,那么 SQL Server 将会采用扫描表而不是通过索引的方法来查询数据。

【操作步骤】

(1) 使用 SQL Server Management Studio,在客户表的公司名称列上建立索引。

① 在"对象资源管理器"窗口中,右键点击客户表,在弹出的快捷菜单中选择"修改"命令。

② 单击工具栏上的"管理索引/键"按钮,弹出"索引/键"对话框,如图 6-11 所示。

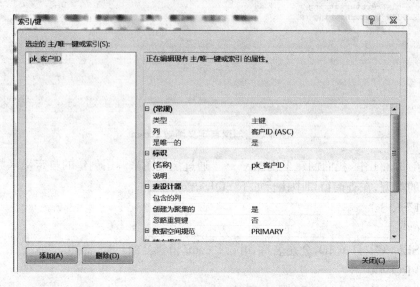

图 6-11 "索引/键"对话框

当用户在表中创建主键约束或唯一约束时,SQL Server 将自动在建有这些约束的列上创建唯一索引。因此,在图 6-11 中存在名为 pk_客户 ID 的索引。

③ 点击"添加"按钮,如图 6-12 所示。

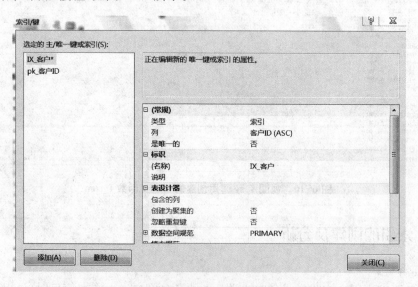

图 6-12 在"索引/键"对话框中点击"添加"按钮

④点击"列",然后点击出现于该行右侧的下拉按钮,弹出如图6-13所示的"索引列"对话框。

⑤在"列名"下方的下拉列表中选择公司名称选项。在这里可以选择一列或多列。如果只选择一列,建立的就是单一索引;如果选择了多列,建立的就是复索引。

⑥在"排序顺序"下方的下拉列表中可以选择排序规则,有升序或降序两个选择。

⑦点击"确定"按钮,返回"索引/键"对话框。

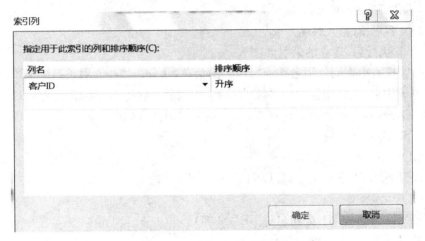

图6-13　"索引列"对话框

⑧"索引/键"对话框中的"是唯一的"表示是否创建唯一索引。因为公司名称是唯一的,所以在这里创建唯一索引,在下拉列表中选择"是"。

⑨在"(名称)"行中为索引命名,在这里输入"ix_公司名称",点击"关闭"按钮。

⑩点击SQL Server Management Studio工具栏上的"保存"按钮。

使用SQL Server Management Studio建立索引的操作结束,最终效果如图6-14所示。

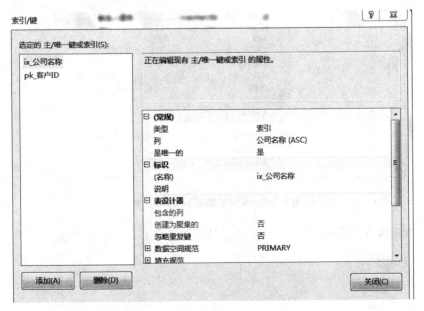

图6-14　建立了索引 ix_公司名称

（2）使用 SQL 语句,在客户表的联系人姓名列上建立索引。

因为联系人姓名不唯一,而且在客户表上,它不是主键列,所以创建的是一个基于联系人姓名列的、非唯一的非聚焦索引,设置名称为 ix_联系人姓名,在查询窗口中执行如下 SQL 语句:

```
USE Sale
GO
CREATE INDEX ix_联系人姓名
ON 客户(联系人姓名)
```

SQL 语句执行后,建立的索引如图 6-15 所示。

（3）在客户表中查询公司名称为"森通"的信息,并分析哪些索引被系统采用。

在建立索引后,应该根据应用系统的需要,也就是实际进行哪种查询方式,以判定其是否能提高 SQL Server 的数据查询速度,在查询窗口中执行如下 SQL 语句:

```
USE Sale
GO
SET SHOWPLAN_ALL ON;
GO
SELECT 客户ID,公司名称 FROM 客户
WHERE 公司名称='森通'
GO
SET SHOWPLAN_ALL OFF;
```

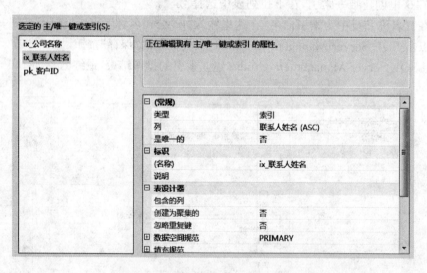

图 6-15   建立了索引 ix_联系人姓名

SQL 语句执行后结果如图 6-16 所示。从图中可以看出,该查询使用了索引 ix_联系人姓名。

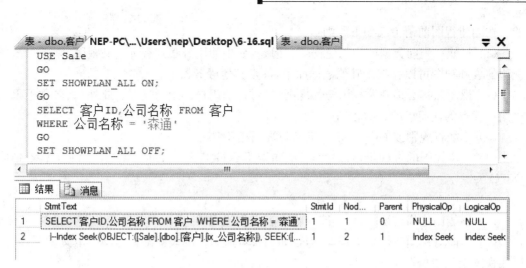

图 6-16　显示查询计划并分析索引

6.3　必备知识

6.3.1　视图的概念

视图(也称虚表)是用户查看数据表中数据的一种方式,用户可以通过它来浏览表中感兴趣的部分或全部数据。而数据库的物理存储位置仍然在表中,这些表称为视图的基表。视图可以从一个或多个基表中派生,也可以从其他视图中派生。需要注意,视图不是数据表,它仅是一些 SQL 查询语句的集合,作用是按照不同的要求从数据表中提取不同的数据。

视图具有下述优点和作用:

(1) 将数据集中显示。视图让用户能够着重于他们所感兴趣的特定数据和所负责的特定任务。不必要的数据可以不出现在视图中。这同时增强了数据的安全性,因为用户只能看到视图中所定义的数据,而不是基础表中的数据。

(2) 简化数据操作。视图可以简化用户操作数据的方式。可将经常使用的联接、投影、联合查询和选择查询定义为视图。这样,用户每次对特定的数据执行进一步操作时不必指定所有条件和限定。另外,在数据库设计时,所使用的名称不能直观显示出字段的含义,而在视图中,可以将其定义为非常容易理解的名称,从而为用户使用数据库提供了很大的方便。

(3) 自定义数据。视图允许用户以不同的方式查看数据,即使他们同时使用相同的数据时也如此。这在具有不同目的和技术水平的用户共享同一个数据库时尤其有利。

6.3.2　视图的操作

1) 创建视图

要使用视图,首先必须创建视图。视图在数据库中是作为一个独立的对象进行存储的。在创建视图前请考虑如下原则：

（1）只能在当前数据库中创建视图。但是，如果使用分布式查询定义视图，则新视图所引用的表和视图可以存在于其他数据库中，甚至其他服务器上。

（2）视图名称必须遵循标识符的规则，且对每个用户必须为唯一。此外，该名称不得与该用户拥有的任何表的名称相同。

（3）不能将规则或 DEFAULT 定义与视图相关联。

（4）定义视图的查询不可以包含 ORDER BY、COMPUTE 或 COMPUTE BY 子句或 INTO 关键字。

（5）不能在视图上定义全文索引定义。

（6）不能创建临时视图，也不能在临时表上创建视图。

（7）不能对视图执行全文查询，但是如果查询所引用的表被配置为支持全文索引，就可以在视图定义中包含全文查询。

视图的创建可以使用 Transact-SQL 语句，其语法格式如下：

```
CREATE VIEW[schema_name. ]view_name[(column[,... n])]
AS
select_statement
[WITH CHECK OPTION][;]
```

其中：

• schema_name 表示视图所属于的模式名。

• view_name 是视图的名称。视图名称必须符合标识符规则。可以选择是否指定视图所有者名称。

• column 是视图中的列名。只有在下列情况下，才必须命名 CREATE VIEW 中的列：当列是从算术表达式、函数或常量派生的，两个或更多的列可能会具有相同的名称（通常是因为联接），视图中的某列被赋予了不同于派生来源列的名称。还可以在 SELECT 语句中指派列名。如果未指定 column，则视图列将获得与 SELECT 语句中的列相同的名称。

• n 是表示可以指定多列的占位符。

• AS 是视图要执行的操作。

• select_statement 是定义视图的 SELECT 语句。该语句可以使用多个表或其他视图。若要从创建视图的 SELECT 子句所引用的对象中选择，必须具有适当的权限。视图不必是具体某个表的行和列的简单子集。可以用具有任意复杂性的 SELECT 子句，使用多个表或其他视图来创建视图。

• CHECK OPTION，强制视图上执行的所有数据修改语句都必须符合由 select_statement 设置的准则。通过视图修改行时，WITH CHECK OPTION 可确保提交修改后，仍可通过视图看到修改的数据。

【例 6-1】 创建视图 v_sum，计算每个订单的价钱。

程序代码：

```
USE
GO
CREATE VIEW v_sum
```

AS

SELECT 订单 ID, SUM(CONVERT(money,(单价 * 数量) * (1－折扣)/100) * 100) AS 小计

FROM 订单明细

GROUP BY 订单 ID

2）使用视图

通过视图不但可以查询数据,也可以通过视图来修改基表中的数据,其行为类似于修改表中数据。但是,通过视图来修改基表中的数据,有如下一些限制:

（1）任何修改(包括 UPDATE、INSERT、DELETE 语句)只能引用来自一个基表的列。

（2）视图中被修改的列必须直接引用表列的数据,不能从其他方式派生而来,如通过 AVG、COUNT、SUM、MIN、MAX、GROUPING、STDEV、STDEVP、VAR、VARP 聚合函数,或者通过使用集合操作符(UNION, UNION ALL, CROSSJOIN, EXCEPT 和 IN-TERSECT)计算得到。

（3）被修改的列不能受 GROUP BY、HAVING 或者 DISTINCT 子句的影响。

【例 6-2】　若要将 6.2.1 中创建的视图 v_sv 中的公司名称"中硕贸易"改为"中盛贸易",则会出现错误"无法更新视图或函数'v_sv',因为它包含聚合或 DISTINCT 子句"。

程序代码:

```
USE
GO
UPDATE v_sv
SET 公司名称＝'中盛贸易'
WHERE 公司名称＝'中硕贸易'
```

3）修改视图

视图创建完成之后,可以支持应用程序的开发。但是,应用往往是经常发生变化的,因此要求视图也发生变化,才能适合特定需求。SQL Server 提供了修改视图的功能,使用 ALTER VIEW 语句完成对视图的修改操作。

【例 6-3】　修改例 6.1 中的视图 v_sum,使之只显示订单小计大于 2500 的记录。

程序代码:

```
USE
GO
ALTER VIEW v_sum
AS
SELECT 订单 ID, SUM(CONVERT(money,(单价 * 数量) * (1－折扣)/100) * 100) AS 小计
FROM 订单明细
GROUP BY 订单 ID
HAVING SUM(CONVERT(money,(单价 * 数量) * (1－折扣)/100) * 100)
>2500
```

4）删除视图

当视图创建完成之后，可能因为应用程序不再需要，需要删除该视图。在删除视图的时候，底层数据表是不受影响的。

删除视图可以使用 Transact－SQL 语句，其语法格式如下：

DROP VIEW[database_name. [schema_name]. |schema_name.]view_name[,...n]

其中：

- database_name，视图所在的数据库的名称。
- schema_name，视图所属于的模式名。
- view_name，需要删除的视图名。
- n，表示可以指定多个视图的占位符。

【例 6-4】 删除例 6-1 中的视图 v_sum。

    USE
    GO
    DROP VIEW v_sum

6.3.3 存储过程的概念

存储过程是一组为了完成特定功能的 SQL 语句集，经编译后存储在数据库中。用户通过指定存储过程的名字并给出参数（如果该存储过程带有参数）来执行它。存储过程是数据库中的一个重要对象，任何一个设计良好的数据库应用程序都应该用到存储过程。

存储过程可包含程序流、逻辑以及对数据库的查询。它们可以接受参数、输出参数、返回单个或多个结果集以及返回值。

存储过程具有以下优点：

（1）可以在单个存储过程中执行一系列 SQL 语句。

（2）可以从自己的存储过程内引用其他存储过程，这可以简化一系列复杂语句。

（3）存储过程在创建时即在服务器上进行编译，所以执行起来比单个 SQL 语句快，而且能减少网络通信的负担。

6.3.4 存储过程的操作

1）创建存储过程

创建存储过程，可以使用 Transact－SQL 语言的 CREATE PROCEDURE 语句。在创建存储过程时，需要注意以下几个方面：

（1）不能将 CREATE PROCEDURE 语句与其他 SQL 语句组合到单个批处理中。

（2）创建存储过程的权限默认属于数据库所有者，该所有者可将此权限授予其他用户。

（3）只能在当前数据库中创建存储过程。

创建存储过程语法格式为：

    CREATE PROC[EDURE][schema_name.]procedure_name[;number]
    {@parameter[type_schema_name]data_type}

  [VARYING][＝default][OUT[PUT]][,...n]

  AS＜sql_statement＞[...n]

  ＜sql_statement＞::＝{[BEGIN]statements[END]}

其中：

- procedure_name,新存储过程的名称。

- number,可选的整数,用来对同名的过程分组,以便用一条 DROP PROCEDURE 语句即可将同组的过程一起除去。

- @parameter,过程中的参数,可以声明一个或多个参数。

- data_type,参数的数据类型。

- AS,指定过程要执行的操作。

- sql_statement,过程中要包含的任意数目和类型的 Transact－SQL 语句。

- n,表示此过程可以包含多条 Transact－SQL 语句的占位符。

【例 6-5】　创建存储过程,查询各城市的客户和供应商。

程序代码：

```
USE
GO
CREATE PROCEDURE p_relation
AS
SELECT 城市,公司名称,联系人姓名,'客户' AS 关系 FROM 客户
UNION SELECT 城市,公司名称,联系人姓名,'供应商' AS 供应商
FROM 供应商
ORDER BY 城市,公司名称
```

2）执行存储过程

执行存储过程使用 EXECUTE 语句,其完整语法格式如下：

  [[EXEC[UTE]]

  [@return_status＝]

  {procedure_name[;number]|@procedure_name_var}

  [[@parameter＝]{value|@variable[OUTPUT]|[DEFAULT]}[,...n]

  [WITH RECOMPILE]

其中：

- @return_status,是一个可选的整型变量,保存存储过程的返回状态。这个变量在用于 EXECUTE 语句前,必须在批处理、存储过程或函数中声明过。

- procedure_name,调用的存储过程名称。

- number,可选的整数,用于将相同名称的过程进行组合,使得它们可以用一句 DROP PROCEDURE 语句除去。

- @procedure_name_var,局部定义变量名,代表存储过程名称。

- @parameter,过程参数,在 CREATE PROCEDURE 语句中定义。

- value,存储过程中参数的值。

- @variable,用来保存参数或者返回参数的变量。
- OUTPUT,指定存储过程必须返回一个参数。
- DEFAULT,根据过程的定义,提供参数的默认值。
- WITH RECOMPILE,强制编译新的计划。

【例 6-6】 执行例 6.5 中创建的存储过程。

程序代码:

```
USE
GO
EXECUTE p_relation
```

3) 修改存储过程

如果用户需要修改存储过程中的语句或者参数,可以使用 Transact-SQL 语言的 ALTER PROCEDURE 语句。

【例 6-7】 修改例 6.5 中的存储过程,使之查询特定城市的客户和供应商。

程序代码:

```
USE
GO
ALTER PROCEDURE p_relation
@city nvarchar(60)
AS
SELECT 城市,公司名称,联系人姓名,'客户' AS 关系 FROM 客户
UNION SELECT 城市,公司名称,联系人姓名,'供应商' AS _供应商_
FROM 供应商
WHERE 城市=@city
ORDER BY 城市,公司名称
```

若要通过该存储过程查询城市"北京"的客户和供应商,执行语句为:

```
EXECUTE p_relation '北京'
```

4) 删除存储过程

当某些存储过程无法支持应用时,可能需要将其删除。删除存储过程使用 Transact-SQL 语言的 DROP PROCEDURE 语句,其完整语法格式如下:

```
DROP PROCEDURE{[schema_name. ]procedure}[,...n]
```

其中:

- schema_name 表示拥有存储过程的用户 ID。
- procedure 是要删除的存储过程或存储过程组的名称。过程名称必须符合标识符规则。
- n 是表示可以指定多个过程的占位符。

【例 6-8】 删除例 6.5 中的存储过程。

程序代码:

```
USE
```

GO
DROP PROCEDURE p_relation

6.3.5　触发器的概念

触发器是一种特殊类型的存储过程,它在指定的表中的数据发生变化时自动生效。触发器不能被直接执行,它们只能为表上的 INSERT、UPDATE、DELETE 事件所触发。触发器可以帮助数据库开发人员和管理人员自动维护数据库,增强数据的完整性。

在触发器执行的时候,会产生两个临时表:inserted 表和 deleted 表。它们的结构和触发器所在的表的结构相同,SQL Server 自动创建和管理这些表。可以使用这两个临时的驻留内存的表测试某些数据修改的效果及设置触发器操作的条件;然而,不能直接对表中的数据进行更改。

deleted 表用于存储 DELETE 和 UPDATE 语句所影响的记录的副本。在执行 DELETE 或 UPDATE 语句时,记录从触发器表中删除,并传输到 deleted 表中。

inserted 表用于存储 INSERT 和 UPDATE 语句所影响的记录的副本。在执行 INSERT 和 UPDATE 语句时,新建记录被同时添加到 inserted 表和触发器表中。

在对具有触发器的表进行操作时,其操作过程如下:

(1) 执行 INSERT 操作,插入到触发器表中的新记录被插入到 inserted 表中。

(2) 执行 DELETE 操作,从触发器表中删的记录被插入到 deleted 表中。

(3) 执行 UPDATE 操作,先从触发器表中删除旧记录,然后再插入新记录。其中被删除的旧记录被插入到 deleted 表中,插入的新记录被插入到 inserted 表中。

6.3.6　触发器的操作

1) 创建触发器

创建触发器,可以使用 Transact－SQL 语言的 CREATE TRIGGER 语句。在创建触发器时,需要注意以下几个方面:

(1) CREATE TRIGGER 语句必须是批处理中的第一个语句,该批处理中随后的其他所有语句解释为 CREATE TRIGGER 语句定义的一部分。

(2) 创建触发器的权限默认分配给表的所有者,且不能将该权限转给其他用户。

(3) 触发器为数据库对象,其名称必须遵循标识符的命名规则。

(4) 虽然触发器可以引用当前数据库以外的对象,但只能在当前数据库中创建触发器。

(5) 虽然不能在临时表或系统表上创建触发器,但是触发器可以引用临时表。

创建触发器语法格式为:

CREATE TRIGGER trigger_name
ON{table|view}[WITH ENCRYPTION]
{
　　{{FOR|AFTER|INSTEAD OF}{[DELETE][,][INSERT][,][UPDATE]}
　　[WITH APPEND]
　　[NOT FOR REPLICATION]

```
AS
[{IF UPDATE(column)
[{AND|OR}UPDATE(column)][…n]
|IF(COLUMNS_UPDATED(        ){bitwise_operator}updated_bitmask)
{comparison_operator}column_bitmask[…n]
}]
sql_statement[…n]
}
}
```

其中：

- trigger_name 是触发器的名称。
- table|view 是在其上执行触发器的表或视图,有时称为触发器表或触发器视图。
- WITH ENCRYPTION,加密 syscomments 表中包含 CREATE TRIGGER 语句文本的条目。
- {[DELETE][,][INSERT][,][UPDATE]}是指定在表或视图上执行哪些数据修改语句时将激活触发器的关键字。
- WITH APPEND 是指定应该添加现有类型的其他触发器。
- NOT FOR REPLICATION 表示当复制进程更改触发器所涉及的表时不应执行该触发器。
- AS 是触发器要执行的操作。
- sql_statement 是触发器的条件和操作。

【例 6-9】 创建一个 DELETE 触发器,所实现的功能是在客户表中删除记录时,若订单表中有与之相关联的记录,则删除操作无效。

程序代码:

```
USE
GO
CREATE TRIGGER t_delete ON 客户
FOR DELETE
AS
IF EXISTS(SELECT * FROM 订单 INNER JOIN DELETED
ON 订单. 客户 ID=DELETED. 客户 ID)
    BEGIN
    PRINT('该客户拥有订单,不允许删除')
    ROLLBACK TRANSACTION
    END
```

当使用 DELETE 语句删除客户 ID 为"ANATR"的记录时,因为数据表订单中有该客户的记录,不允许删除,在查询窗口中执行如下 SQL 语句:

```
USE Sale
GO
```

　　　　DELETE FROM 客户
　　　　WHERE 客户 ID=′ANATR′SQL
语句执行后结果如图 6-17 所示。

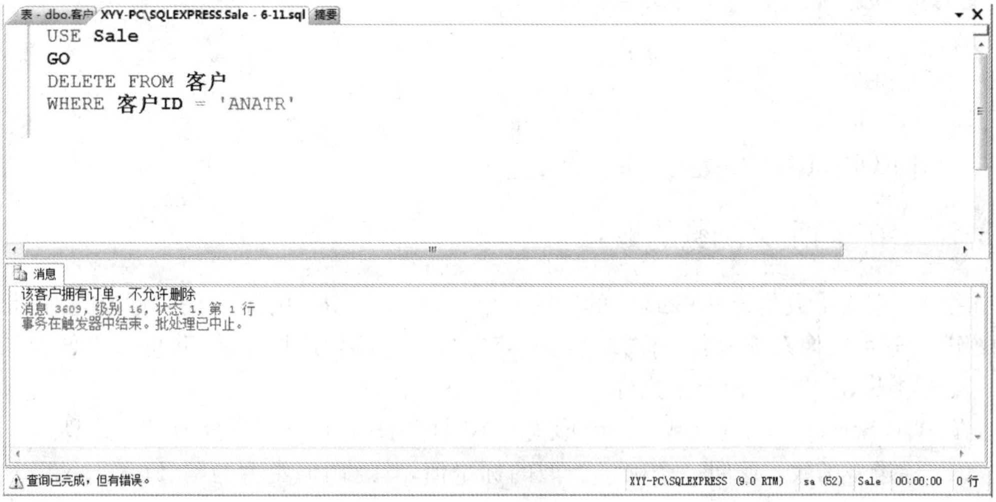

```
表 - dbo.客户 XYY-PC\SQLEXPRESS.Sale - 6-11.sql  摘要                        ▾ ×
    USE Sale
    GO
    DELETE FROM 客户
    WHERE 客户ID = 'ANATR'

⚑ 消息
该客户拥有订单，不允许删除
消息 3609，级别 16，状态 1，第 1 行
事务在触发器中结束。批处理已中止。

⚠ 查询已完成，但有错误。          XYY-PC\SQLEXPRESS (9.0 RTM)  sa (52)  Sale  00:00:00  0 行
```

图 6-17　检验 DELETE 触发器

2）修改触发器

修改触发器可以使用 ALTER TRIGGER 语句，其语法格式如下：

ALTER TRIGGER trigger_name

ON{table|view}[WITH ENCRYPTION]

{

　　{{FOR|AFTER|INSTEAD OF}{[DELETE][,][INSERT][,][UPDATE]}

　　[WITH APPEND]

　　[NOT FOR REPLICATION]

　　AS

　　[{IF UPDATE(column)

　　[{AND|OR}UPDATE(column)][···n]

　　|IF(COLUMNS_UPDATED(　　　){bitwise_operator}updated_bitmask)

　　{comparison_operator}column_bitmask[···n]

　　}]

　　sql_statement[···n]

　　}

}

其中各参数含义和 CREATE TRIGGER 语句相同，这里不再介绍。

3）删除触发器

删除触发器可以使用 DROP TRIGGER 语句，其语法格式如下：

　　DROP TRIGGER{trigger}[,···n]

其中：

- trigger 是要删除的触发器名称。
- n 是表示可以指定多个触发器的占位符。

【例 6-10】 删除例 6.9 中的触发器。

程序代码：

```
USE
GO
DROP TRIGGERt_delete
```

6.3.7　用户自定义函数的概念

用户自定义函数是 SQL Server 的数据库对象，它不能用于执行一系列改变数据库状态的操作，但它可以像系统函数一样在查询或存储过程等的程序段中使用，也可以像存储过程一样通过 EXECUTE 命令来执行。

在 SQL Server 中根据函数返回值形式的不同将用户自定义函数分为三种类型：

（1）标量型函数。返回一个确定类型的标量值，其返回值类型为除 TEXT、NTEXT、IMAGE、CURSOR、TIMESTAMP 和 TABLE 类型外的其他数据类型。函数体语句定义在 BEGIN－END 语句内，其中包含了可以返回值的 Transact－SQL 命令。

（2）内联表值型函数。以表的形式返回一个返回值，即它返回的是一个表。内联表值型函数没有由 BEGIN－END 语句括起来的函数体。其返回的表由一个位于 RETURN 子句中的 SELECT 命令段从数据库中筛选出来。内联表值型函数功能相当于一个参数化的视图。

（3）多声明表值型函数。可以看作标量型和内联表值型函数的结合体。它的返回值是一个表，但它和标量型函数一样有一个用 BEGIN－END 语句括起来的函数体，返回值的表中的数据是由函数体中的语句插入的。由此可见，它可以进行多次查询，对数据进行多次筛选与合并，弥补了内联表值型函数的不足。

6.3.8　用户自定义函数的操作

1）创建标量型函数

标量型函数与内置函数很相似。当创建了标量型函数后，便能重复地使用它了。

【例 6-11】 创建标量型函数，该函数以日期和列分隔符作为变量，它将日期格式转化为字符串格式。

程序代码：

```
USE
GO
CREATE FUNCTION f_DateFormat
(@indate datetime,@separator char(1))
RETURNS nvarchar(20)
AS
```

```
BEGIN
    DECLARE @return nvarchar(20)
    SET @return=CONVERT(nvarchar(20),datepart(mm,getdate()))
    +@separator
    +CONVERT(nvarchar(20),datepart(dd,@indate))
    +@separator
    +CONVERT(nvarchar(20),datepart(yy,@indate))
    RETURN@return
END
```

该函数的调用语句为：

```
SELECT dbo.fn_DateFormat(GETDATE(),'∶')
```

2) 创建内联表值型函数

内联表值型函数一般用来完成带参数视图的功能。在创建视图时,不允许包含用户自己提供的参数。当视图被调用时,可以提供一个 WHERE 语句来解决这个问题。但是,这需要建立一个动态执行的字符串,这也增加了应用程序的复杂性,这时可以使用一个内联表值型函数来完成这个带有参数的视图的功能。

【例 6-12】 创建一个内联表值型函数,它带有一个区域值作为参数。

程序代码：

```
USE
GO
CREATE FUNCTION f_goods
(@category nvarchar(15))
RETURNS TABLE
AS RETURN(SELECT TOP 100 PERCENT 产品.产品 ID,产品.产品名称
FROM 产品 INNER JOIN 类别
ON 产品.类别 ID=类别.类别 ID
WHERE 产品.中止=0 AND 类别.类别名称=@category
ORDER BY 产品.产品名称)
```

调用此函数时,要在 FROM 子句中提供函数名,并提供一个作为参数的区域值。

```
USE
GO
SELECT * FROM f_goods('饮料')
```

3) 创建多声明表值型函数

多声明表值型函数是视图与存储过程的结合。你能够使用返回一个表的用户自定义函数来代替存储过程或视图。

多声明表值型函数能够使用复杂逻辑和多条 Transact_SQL 语句来建造表,可以使用与使用视图相同的方法,在 Transact_SQL 语句的 FROM 子句中使用多声明表值型函数。

当使用多声明表值型函数时,考虑下列因素：

（1）BEGIN 和 END 限定了函数体。

（2）RETURNS 子句将 table 指定为返回值的数据类型。

（3）RETURNS 子句定义了表的名称并定义了表的格式。返回变量名的有效范围只局限在该函数中。

【例 6-13】 创建一个多声明表值型函数，它可以返回雇员的姓名，或者返回雇员的尊称，这取决于提供的参数。

程序代码：

```
USESale
GO
CREATE FUNCTION f_Employees
(@class nvarchar(9))
RETURNS @f_Employees TABLE
(雇员 ID int PRIMARY KEY NOT NULL,称谓 nvarchar(61) NOT NULL)
AS
BEGIN
    IF @class='姓名'
    INSERT @f_Employees SELECT 雇员 ID,(姓氏＋名字) FROM 雇员
    ELSE IF @class='尊称'
    INSERT @f_Employees SELECT 雇员 ID,(姓氏＋尊称) FROM 雇员
    RETURN
END
```

调用此函数，可通过以下语句进行：

```
SELECT * from f_Employees('尊称')
```

或

```
SELECT * from f_Employees('姓名')
```

6.3.9 索引的概念

索引是对数据表中一个或多个列的值进行排序的结构。拿汉语字典的目录页打比方，正如汉语字典中的汉字按页存放一样，SQL Server 中的数据记录也是按页存放的，每页容量一般为 4K。为了加快查找的速度，汉语字典一般都有按拼音、笔画、偏旁部首等排序的目录，我们可以选择按拼音或笔画查找方式，快速查找到需要的字（词）。同理，SQL Server 允许用户在表中创建索引，指定按某列预先排序，从而大大提高查询速度。

索引的类型分为以下几种：

（1）唯一索引。唯一索引不允许两行具有相同的索引值。如果现有数据中存在重复的键值，则大多数数据库都不允许将新创建的唯一索引与表一起保存。当新数据将使表中的键值重复时，数据库也拒绝接受此数据。创建了唯一约束，将自动创建唯一索引。尽管唯一索引有助于找到信息，但为了获得最佳性能，建议使用主键约束或唯一约束。

（2）主键索引。为表定义一个主键将自动创建主键索引，主键索引是唯一索引的特殊

类型。主键索引要求主键中的每个值是唯一的,并且不能为空。当在查询中使用主键索引时,它还允许快速访问数据。

(3)聚集索引(Clustered)。表中各行的物理顺序与键值的逻辑(索引)顺序相同,每个表只能有一个。例如,汉语字(词)典默认按拼音排序编排字典中的每页页码。拼音字母 a,b,c,d…x,y,z 就是索引的逻辑顺序,而页码 1,2,3…就是物理顺序。默认按拼音排序的字典,其索引顺序和逻辑顺序是一致的。即拼音顺序较后的字(词)对应的页码也较大。设置某列为主键,该列就默认为聚集索引。

(4)非聚集索引(Non-clustered):非聚集索引指定表的逻辑顺序。数据存储在一个位置,索引存储在另一个位置,索引中包含指向数据存储位置的指针。可以有多个,小于 249个。如果不是聚集索引,表中各行的物理顺序与键值的逻辑顺序不匹配。聚集索引比非聚集索引(non-clustered index)有更快的数据访问速度。例如,按笔画排序的索引就是非聚集索引,"1"画的字(词)对应的页码可能比"3"画的字(词)对应的页码大(靠后)。

通过创建索引可以大大提高系统的性能:

(1)通过创建唯一性索引,可以保证数据库表中每一行数据的唯一性。

(2)可以大大加快数据的检索速度,这也是创建索引的最主要的原因。

(3)可以加速表和表之间的连接,特别是在实现数据的参考完整性方面特别有意义。

(4)在使用分组和排序子句进行数据检索时,同样可以显著减少查询中分组和排序的时间。

(5)通过使用索引,可以在查询的过程中使用优化隐藏器,提高系统的性能。

但是,为表中的每一个列都增加索引是非常不明智的。因为,增加索引也有许多不利之处:

(1)创建索引和维护索引要耗费时间,这种时间随着数据量的增加而增加。

(2)索引需要占物理空间,除了数据表占数据空间之外,每一个索引还要占一定的物理空间。

(3)当对表中的数据进行增加、删除和修改时索引也要动态地维护,这样就降低了数据的维护速度。

索引是建立在数据库表中的某些列的上面。因此,在创建索引时,应该仔细考虑在哪些列上可以创建索引,在哪些列上不能创建索引。一般来说,应该在以下列上创建索引:

(1)在经常需要搜索的列上,可以加快搜索的速度。

(2)在作为主键的列上,强制该列的唯一性和组织表中数据的排列结构。

(3)在经常用在连接的列上,这些列主要是一些外键,可以加快连接的速度。

(4)在经常需要根据范围进行搜索的列上创建索引,因为索引已经排序,其指定的范围是连续的。

(5)在经常需要排序的列上创建索引,因为索引已经排序,这样查询可以利用索引的排序加快排序查询时间。

(6)在经常使用在 WHERE 子句中的列上创建索引,加快条件的判断速度。

同样,对于有些列不应该创建索引。一般来说,不应该创建索引的这些列具有下列特点:

(1)对于那些在查询中很少使用或者参考的列不应该创建索引。这是因为,既然这些列很少使用到,因此有索引或者无索引并不能提高查询速度。相反,由于增加了索引,反而降低了系统的维护速度和增大了空间需求。

(2) 对于那些只有很少数据值的列也不应该增加索引。这是因为,由于这些列的取值很少,在查询的结果中,结果集的数据行占了表中数据行的很大比例,即需要在表中搜索的数据行的比例很大。增加索引,并不能明显加快检索速度。

(3) 对于那些定义为 text、image 和 bit 数据类型的列不应该增加索引。这是因为,这些列的数据量要么相当大,要么取值很少。

(4) 当修改性能远远大于检索性能时,不应该创建索引。这是因为,修改性能和检索性能是互相矛盾的。当增加索引时,会提高检索性能,但是会降低修改性能。当减少索引时,会提高修改性能,降低检索性能。因此,当修改性能远远大于检索性能时,不应该创建索引。

6.3.10 索引的操作

1) 创建索引

使用 T-SQL 语句创建索引的语法如下:

CREATE [UNIQUE][CLUSTERED|NONCLUSTERED]

INDEX index_name

ON table_name(column_name···)

[WITH FILLFACTOR=x]

其中:

- UNIQUE 表示唯一索引,可选。
- CLUSTERED、NONCLUSTERED 表示聚集索引还是非聚集索引,可选。
- index_name 表示索引名称。
- table_name 表示索引所在的表名称。
- FILLFACTOR 表示填充因子,指定一个 0 到 100 之间的值,该值指示索引页填满的空间所占的百分比。

2) 重命名索引

建立索引后,可以通过以下方式更改索引的名称:

(1) 使用 SQL Server Management Studio,在对象资源管理器中,单击加号以便展开包含要重命名索引的表的数据库;单击加号以便展开“表”文件夹;单击加号以便展开要重命名索引的表;单击加号以便展开“索引”文件夹;右键单击要重命名的索引,然后选择“重命名”;键入索引的新名称,再按 Enter。

(2) 使用 SQL 语句,重命名索引名称的格式如下:

EXEC sp_rename table_name. old_index_name, new_index_name

其中:

- sp_rename 是数据库系统存储过程,用于更改当前数据库中用户创建对象(如表、列或用户定义数据类型等)的名称。
- table_name 表示索引所在的表名称。

- old_index_name 表示要重命名的索引的名称。
- new_index_name 表示新的索引名称。

【例 6-14】 将客户表的 ix_联系人姓名索引重命名为 ix_联系人姓名_new。

程序代码：

```
USESale
GO
EXECsp_rename'客户.ix_联系人姓名','ix_联系人姓名_new'
```

3）删除索引

建立索引后，可以通过以下方式删除索引：

（1）使用 SQL Server Management Studio，在"对象资源管理器"中，展开包含要删除索引的表的数据库；展开包含要删除的索引的表；展开"索引"文件夹；右键单击要删除的索引，然后选择"删除"；在"删除对象"对话框中，确认正确的索引位于"要重删除的对象"网格中，然后单击"确定"。

（2）使用 SQL 语句，删除索引名称的格式如下：

```
DROP INDEX table_name. index_name
```

其中：

- table_name 表示索引所在的表名称。
- index_name 表示要删除的索引的名称。

【例 6-15】 将客户表的 ix_联系人姓名_new 索引删除。

程序代码：

```
USESale
GO
DROP INDEX 客户.ix_联系人姓名_new
```

用 DROP INDEX 删除索引时，需要注意如下事项：

（1）不能用 DROP INDEX 语句删除由主键约束或唯一约束创建的索引。要删除这些索引，必须先删除主键约束或唯一约束。

（2）在删除聚集索引时，表中的所有非聚集索引都将被重建。

6.4 拓展训练

学校图书馆借书信息管理系统建立见表 6-1～表 6-3。

表 6-1　学生信息表：student

字段名称	数据类型	说明
stuID	Char(10)	学生编号，主键
stuName	Varchar(10)	学生名称
major	Varchar(50)	专业

表 6-2　图书表：book

字段名称	数据类型	说明
BID	Char(10)	图书编号，主键
title	Char(50)	书名
author	Char(20)	作者

表 6-3　借书信息表：borrow

字段名称	数据类型	说明
borrowID	Char(10)	借书编号，主键
stuID	Char(10)	学生编号，外键
BID	Char(10)	图书编号，外键
T_time	Datetime	借书日期
B_time	Datetime	还书日期

附代码：

```
USE master
GO
——检验数据库是否存在，如果为真，删除此数据库——
IF exists(SELECT * FROM sysdatabases WHERE name='BOOK')
DROP DATABASE BOOK
GO
CREATE DATABASE BOOK
GO
——建数据表——
USE BOOK
GO
CREATE TABLE student——学生信息表
(
stuID CHAR(10) primary key,——学生编号
stuName CHAR(10) NOT NULL,——学生名称
major CHAR(50) NOT NULL——专业
)
GO
CREATE TABLE book——图书表
(
BID CHAR(10) primary key,——图书编号
title CHAR(50) NOT NULL,——书名
author CHAR(20) NOT NULL,——作者
```

```
)
GO
CREATE TABLE borrow——借书表
(
borrowID CHAR(10) primary key,——借书编号
stuID CHAR(10) foreign key(stuID) references student(stuID),——学生编号
BID CHAR(10) foreign key(BID) references book(BID),——图书编号
T_time datetime NOT NULL,——借出日期
B_time datetime——归还日期
)
GO
——学生信息表中插入数据——
INSERT INTO student(stuID,stuName,major)VALUES('1001','林林','计算机')
INSERT INTO student(stuID,stuName,major)VALUES('1002','白杨','计算机')
INSERT INTO student(stuID,stuName,major)VALUES('1003','虎子','英语')
INSERT INTO student(stuID,stuName,major)VALUES('1004','北漂的雪','工商
管理')
INSERT INTO student(stuID,stuName,major)VALUES('1005','五月','数学')
——图书信息表中插入数据——
INSERT INTO book(BID,title,author)VALUES('B001','人生若只如初见','安
意如')
INSERT INTO book(BID,title,author)VALUES('B002','入学那天遇见你','晴空')
INSERT INTO book(BID,title,author)VALUES('B003','感谢折磨你的人','如娜')
INSERT INTO book(BID,title,author)VALUES('B004','我不是教你诈','刘庸')
INSERT INTO book(BID,title,author)VALUES('B005','英语四级','白雪')
——借书信息表中插入数据——
INSERT INTO borrow(borrowID,stuID,BID,T_time,B_time)VALUES('T001',
'1001','B001','2007-12-26',null)
INSERT INTO borrow(borrowID,stuID,BID,T_time,B_time)VALUES('T002',
'1004','B003','2008-1-5',null)
INSERT INTO borrow(borrowID,stuID,BID,T_time,B_time)VALUES('T003',
'1005','B001','2007-10-8','2007-12-25')
INSERT INTO borrow(borrowID,stuID,BID,T_time,B_time)VALUES('T004',
'1005','B002','2007-12-16','2008-1-7')
INSERT INTO borrow(borrowID,stuID,BID,T_time,B_time)VALUES('T005','
1002','B004','2007-12-22',null)
INSERT INTO borrow(borrowID,stuID,BID,T_time,B_time)VALUES('T006',
'1005','B005','2008-1-6',null)
INSERT INTO borrow(borrowID,stuID,BID,T_time,B_time)VALUES('T007',
```

'1002','B001','2007-9-11',null)

INSERT INTO borrow(borrowID,stuID,BID,T_time,B_time) VALUES('T008', '1005','B004','2007-12-10',null)

INSERT INTO borrow(borrowID,stuID,BID,T_time,B_time) VALUES('T009', '1004','B005','2007-10-16V,'2007-12-18')

INSERT INTO borrow(borrowID,stuID,BID,T_time,B_time) VALUES('T010', '1002','B002','2007-9-15','2008-1-5')

INSERT INTO borrow(borrowID,stuID,BID,T_time,B_time) VALUES('T011', '1004','B003','2007-12-28',null)

INSERT INTO borrow(borrowID,stuID,BID,T_time,B_time) VALUES('T012', '1002','B003','2007-12-30',null)

请编写 SQL 语句完成以下功能：

（1）建立视图，查询"计算机"专业学生在"2007-12-15"至"2008-1-8"时间段内借书的学生编号、学生名称、图书编号、图书名称、借出日期。

（2）建立一个存储过程，查询所有借过图书的学生编号、学生名称、专业。

（3）建立一个带参的存储过程，查询借过作者为"安意如"的图书的学生姓名、图书名称、借出日期、归还日期。

（4）图书馆要淘汰一批旧书，建立一个触发器，实现以下功能淘汰的旧书中，如果学生还没有全部归还图书馆，则不能删除该书的信息。

6.5 练习题

一、选择题

1. SQL Server 数据库保存了所有系统数据和用户数据，这些数据被组织成不同类型的数据库对象，以下不属于数据库对象的是（   ）。

A. 表　　　　　　　　B. 视图　　　　　　　　C. 索引　　　　　　　D. 规则

2. 可以使用视图来更新基本表，但当（   ）时，更新基本表操作失败。

A. 视图的列包含来自多个表的列

B. 视图的列是从集合函数派生的

C. 视图定义中的 SELECT 命令包含 DISTINCT 选项

D. 视图的列是从常量或表达式派生的

3. 以下有关索引的描述中正确的是（   ）。

A. 聚簇索引的顺序与数据行存放的物理顺序相同

B. 若表中没有创建其他的聚簇索引，则在表的主键列上自动创建聚簇索引

C. 当一个表创建了多个聚簇索引时，同一时刻只有一个聚簇索引起作用

D. 一个表可以有多个非聚簇索引

4. 下列有关用户自定义函数的叙述中正确的是（   ）。

A. 自定义函数可以带多个输入参数，但只能返回一个值或一个表

B. 自定义函数的函数体若包含多条语句则必须使用 BEGIN...END 语句

C. 自定义函数中若要返回表,必须使用 RETURNS TABLE 子句

D. 一个自定义函数只有一条 RETURN 语句

5. 下列有关存储过程的叙述中正确的是(　　　)。

A. SQL Server 中定义的过程被称为存储过程

B. 存储过程可以带多个输入参数,也可以带多个输出参数

C. 可以用 EXECUTE(或 EXEC)来执行存储过程

D. 使用存储过程可以减少网络流量

6. 下列有关触发器的叙述中正确的是(　　　)。

A. 触发器是一种特殊的存储过程

B. 在一个表上可以定义多个触发器,但触发器不能在视图上定义

C. 触发器允许嵌套执行

D. 触发器在 CHECK 约束之前执行

7. 下列有关临时表 DELETED 和 INSERTED 的叙述中正确的是(　　　)。

A. DELETED 表和 INSERTED 表的结构与触发器表相同

B. 触发器表与 INSERTED 表的记录相同

C. 触发器表与 DELETED 表没有共同的记录

D. UPDATE 操作需要使用 DELETED 和 INSERTED 两个表

二、简答题

1. 数据库中为什么要实现视图?

2. 存储过程如何被调用?

3. 存储过程、触发器及用户自定义函数各有特点,总结并讨论各适用于何处。

4. 简单介绍触发器的类型。

→ **项目七**

数据库安全性管理

学习目标 ▶▶▶

　　了解数据库的备份与还原机制；

　　理解 SQL Server 安全管理机制；

　　掌握用户及数据库角色的创建；

　　掌握授予数据库角色权限；

　　掌握数据库的备份与还原操作步骤。

7.1　任务描述

　　（1）创建用户及数据库角色。

　　（2）授予数据库角色权限。

　　（3）数据库的备份与还原。

7.2　解决方案

7.2.1　创建用户及数据库角色

【操作解析】

　　在 SQL Server 中，账号有两种，一种是登录服务器的登录账号，另外一种是使用数据库的用户账号。登录账号只是让用户登录到 SQL Server 中，本身并不能让用户访问服务器中的数据库。要访问特定的数据库，还必须具有用户名。每个登录账号在一个数据库中只能有一个用户账号，但是每个登录账号可以在不同的数据库中各有一个用户账号。本任务要求创建一个服务器登录账户"student"，创建数据库角色"dbrole"，创建一个用户账号"user"并加入数据库角色"dbrole"中。

【操作步骤】

　　（1）打开 SQL Server Management Studio 窗口，在"对象资源管理器"窗口中打开服务器，然后在"安全性"下面的"登录名"上右击鼠标，在打开的快捷菜单中选择"新建登录名"命令，如图 7-1 所示。

图 7-1　新建登录名

（2）打开"登录名-新建"窗口，在选择页"常规"中的"登录名"文本框中输入用户登录账号"student"，在"SQL Server 身份验证"下的"密码"文本框中输入密码，"默认数据库"中选择数据库"Sale"，最后单击"确定"按钮，如图 7-2 所示。

图 7-2　"登录名-新建"窗口

（3）打开"对象资源管理器"窗口，在数据库文件夹下，依次选择"安全性"|"角色"选项。右击"数据库角色"选项，在弹出的快捷菜单中选择"新建数据库角色"命令，打开"数据库角色-新建"窗口，在"角色名称"文本框中输入"dbrole"，在"所有者"文本框中输入"dbo"，最后单击"确定"按钮，如图 7-3 所示。

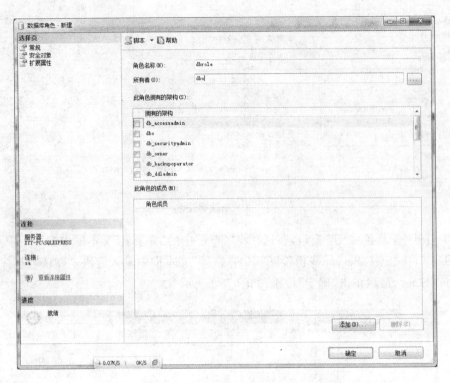

图 7-3 "数据库角色-新建"窗口

（4）打开"对象资源管理器"窗口，在数据库文件夹下依次选择"安全性"|"用户"选项。在"用户"上右击鼠标，在弹出的快捷菜单中选择"新建用户"命令，打开"数据库用户-新建"窗口。

（5）打开"数据库用户-新建"窗口后，在选择页"常规"中的"用户名"文本框中输入用户名称"user"，单击"登录名"文本框右端的"浏览"按钮，打开"选择登录名"对话框，单击"浏览"按钮，打开"查找对象"对话框，选择"student"登录账号，如图 7-4 所示。

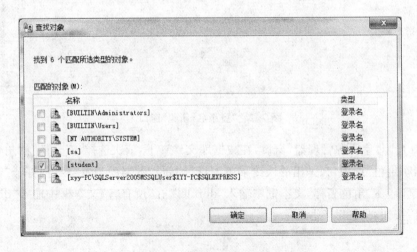

图 7-4 "查找对象"窗口

（6）单击"确定"按钮后返回"数据库用户-新建"窗口，在"数据库角色成员身份"列表框中选择"dbrole"，单击"确定"按钮后任务完成，如图7-5所示。

图7-5　"数据库用户-新建"窗口

7.2.2　授予数据库角色权限

【操作解析】

数据库角色是一个强大的工具，得以将用户集中到一个单元中，然后对该单元应用权限。对一个数据库角色授予、拒绝或废除的权限也适用于该角色的任何成员。可以建立一个数据库角色来代表单位中一类工作人员所执行的工作，然后给这个角色授予适当的权限。当工作人员开始工作时，只需将他们添加为该角色成员，当他们离开工作时，将他们从该角色中删除，而不必在每个人接受或离开工作时反复授予、拒绝和废除其权限。权限在用户成为角色成员时自动生效。本任务要求授予数据库角色"dbrole"拥有"Alter"、"Delete"、"Insert"和"Select"客户表的权限。

【操作步骤】

（1）打开 SQL Server Management Studio 窗口，在"对象资源管理器"窗口中打开服务器，依次选择"数据库"|"Sale"|"安全性"|"角色"|"数据库角色"，右击数据库角色"dbrole"，在弹出的快捷菜单中选择"属性"命令，打开"数据库角色属性- dbrole"窗口。

（2）打开"数据库角色属性- dbrole"窗口后，在选择页"安全对象"中单击"添加"按钮，打开"添加对象"窗口,选中"选定对象"单选框,单击"确定"按钮,如图 7-6 所示。

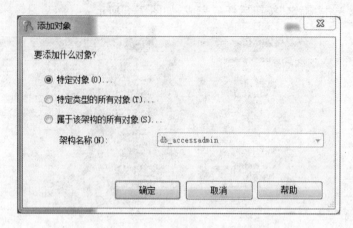

图 7-6 "添加对象"窗口

(3) 打开"选择对象"窗口,单击右边的"对象类型"按钮,打开"选择对象类型"窗口,在"对象类型"多选框中点选"表",单击"确定"按钮,返回"选择对象"窗口。

(4) 在"选择对象"窗口中,单击右边的"浏览"按钮,打开"查找对象"窗口,选择表"客户",单击"确定"按钮,再次返回"选择对象"窗口,如图 7-7 所示。

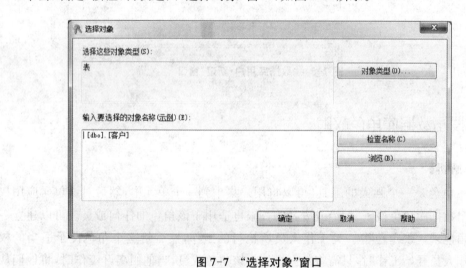

图 7-7 "选择对象"窗口

(5) 在"选择对象"窗口中,单击下面的"确定"按钮,返回"数据库角色属性-dbrole"窗口。在窗口下方的"dbo.客户的显示权限"列表框中授予权限"Alter"、"Delete"、"Insert"和"Select",如图 7-8 所示。

(6) 在"数据库角色属性-dbrole"窗口中选择下方的"列权限"按钮,可以对相应的列授予权限,如图 7-9 所示,单击"确定"按钮后任务完成。

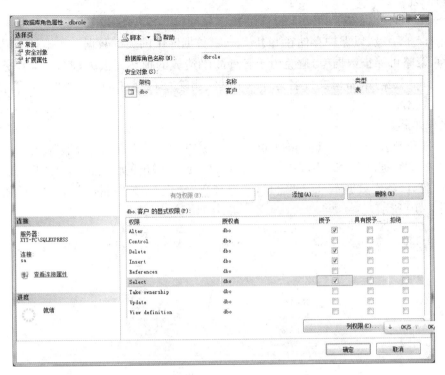

图 7-8　"数据库角色属性-dbrole"窗口

图 7-9　"列权限"窗口

7.2.3　数据库的备份与还原

【操作解析】

在实际工作中,可能会遇到各种各样的故障。此时,备份和还原数据库就显得非常重要。SQL Server 提供了高性能的备份和还原功能。SQL Server 备份和还原组件提供了重要的保护手段,以保护存储在 SQL Server 数据库中的关键数据。实施计划妥善的备份和还原策略可保护数据库,避免由于各种故障造成的损坏而丢失数据。本任务要求首先备份"Sale"数据库,备份文件名为"bak",其次删除"Sale"数据库,将备份"bak"完全还原到"Sale"数据库。

【操作步骤】

(1) 打开 SQL Server Management Studio 窗口,在"对象资源管理器"窗口中打开服务器,依次选择"数据库"|"Sale",在"Sale"上右击鼠标,在弹出的快捷菜单中选择"任务"|"备份"命令,打开"备份数据库- Sale"窗口,在选择页"常规"中的"目标"列表框中设置备份路径,如图 7-10 所示。

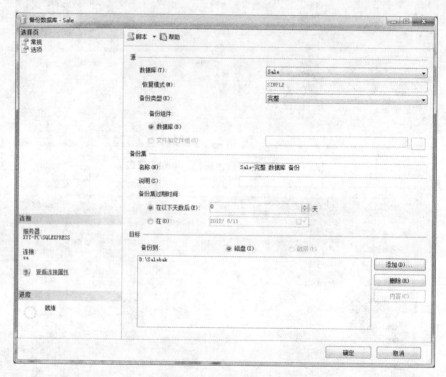

图 7-10 "备份数据库- Sale"窗口

(2) 在"对象资源管理器"窗口中打开服务器,依次选择"数据库"|"Sale",在"Sale"上右击鼠标,在弹出的快捷菜单中选择"删除"命令。

(3) 在"对象资源管理器"窗口中打开服务器,在数据库"Sale"上右击鼠标,在弹出的快捷菜单中选择"还原数据库"命令,打开"还原数据库"窗口。

(4) 打开"还原数据库"窗口后,在选择页"常规"中,在"目标数据库"下拉列表框中输入要还原的数据库名称"Sale",在"还原的源"中,选择"源设备"单选框,单击其右侧的"选择路径"按钮,打开"指定备份"窗口,如图 7-11 所示。

(5) 打开"指定备份"窗口后,单击"添加"按钮,打开"定位备份文件"窗口,选择备份文件"bak",单击"确定"按钮后返回"指定备份"窗口,再次单击"确定"按钮后返回"还原数据库- Sale"窗口,在"选择用于还原的备份集"列表框中点选备份文件,单击"确定"按钮,显示还原数据库"Sale"成功,如图 7-12 所示。

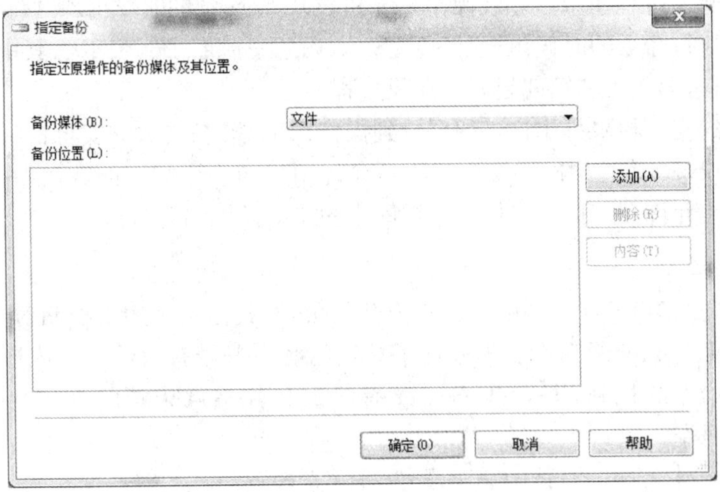

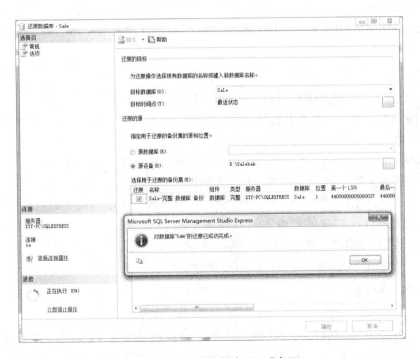

图 7-11　"指定备份"窗口

图 7-12　"还原数据库-Sale"窗口

7.3　必备知识

7.3.1　安全管理机制

安全性是指保护数据库中的各种数据,以防止因非法使用而造成数据的泄密和破坏。

安全管理机制包括验证和授权两种类型。验证是指检验用户的身份标识；授权是指允许用户做些什么。验证过程在用户登录操作系统和 SQL Server 的时候出现，授权过程在用户试图访问数据或执行命令的时候出现。SQL Server 的安全机制分为四级，其中第一层和第二层属于验证过程，第三层和第四层属于授权过程。

第一层次的安全权限是用户必须登录到操作系统，第二层次的安全权限是控制用户能否登录 SQL Server，第三层次的安全权限是允许用户与一个特定的数据库相连接，第四层次的安全权限是允许用户拥有对指定数据库中一个对象的访问权限。

1）登录账号

用于连接到 SQL Server 的账号都称为登录账号，其作用是用来控制对 SQL Server 的访问权限。SQL Server 只有在首先验证了指定的登录账号有效后才完成连接。但登录账号没有使用数据库的权利，即 SQL Server 登录成功并不意味着用户已经可以访问 SQL Server 上的数据库。

SQL Server 中有两个默认的登录账号，其含义如下：

（1）BUILTIN\Administrators，凡是属于 Windows 中 Administrators 组的账号都允许登录 SQL Server。

（2）Sa，超级管理员账号，允许 SQL Server 的系统管理员登录，此 SQL Server 的管理员不一定是 Windows 的管理员。

2）用户账号

在数据库内，对象的全部权限和所有权由用户账号控制。

在安装 SQL Server 后，默认数据库中包含两个用户账号：dbo 和 guest，即系统内置的数据库用户账号。

（1）dbo，代表数据库的拥有者（database owner），每个数据库都有 dbo 用户，创建数据库的用户是该数据库的 dbo，系统管理员也自动被映射成 dbo。

（2）guest，在安装完 SQL Server 系统后被自动被加入到 master 等系统数据库中，且不能被删除。用户自己创建的数据库默认情况下不会自动加入 guest，但可以手工创建。guest 也可以像其他用户一样设置权限。当一个数据库具有 guest 用户账号时，允许没有用户账号的登录者访问该数据库。所以 guest 账号的设立方便了用户的使用，但如使用不当也可能成为系统安全隐患。

3）角色

在 SQL Server 中，角色是管理权限的有力工具。将一些用户账号添加到具体某种权限的角色中，权限在用户账号成为角色成员时自动生效。"角色"概念的引入方便了权限的管理，也使权限的分配更加灵活。

在 SQL Server 中，角色可分为三种：

（1）服务器角色，由服务器账号组成的组，负责管理和维护 SQL Server 组。

（2）数据库角色，由数据库成员所组成的组，此成员可以是用户或者其他的数据库角色。

（3）应用程序角色，用来控制应用程序存取数据库，本身并不包含任何成员。

服务器角色具有一组固定的权限，并且适用于整个服务器范围。它们专门用于管理

SQL Server,且不能更改分配给它们的权限,可以在数据库中不存在用户账户的情况下向固定服务器角色分配登录。SQL Server 在安装过程中定义几个固定的服务器角色,其具体权限如下:

(1) sysadmin,可以在 SQL Server 中执行任何活动。

(2) serveradmin,可以设置服务器范围的配置选项,关闭服务器。

(3) setupadmin,可以管理链接服务器和启动过程。

(4) securityadmin,可以管理登录和创建数据库的权限,还可以读取错误日志和更改密码。

(5) processadmin,可以管理在 SQL Server 中运行的进程。

(6) dbcreator,可以创建、更改和删除数据库。

(7) diskadmin,可以管理磁盘文件。

(8) bulkadmin,可以执行 BULK INSERT(大容量插入)语句。

(9) public,可以查看任何数据库。

数据库角色与本地组有点类似,它也有一系列预定义的权限,你可以直接给用户账号指派权限,但在大多数情况下,只要把用户账号放在正确的角色中就会给予它们所需要的权限。一个用户账号可以是多个角色中的成员,其权限等于多个角色权限的"和",任何一个角色账号中的拒绝访问权限会覆盖这个用户账号所有的其他权限。

在数据库创建时,系统默认创建了 10 个固定的数据库角色。public 角色是最基本的数据库角色,其余 9 个默认数据库角色的含义如下:

(1) db_owner,在数据库中有全部权限。

(2) db_accessadmin,可以添加或删除用户 ID。

(3) db_securityadmin,可以管理全部权限、对象所有权、角色和角色成员资格。

(4) db_ddladmin,可以发出 ALL DDL,但不能发出 GRANT(授权)、REVOKE 或 DENY 语句。

(5) db_backupoperator,可以发出 DBCC、CHECKPOINT 和 BACKUP 语句。

(6) db_datareader,可以选择数据库内任何用户表中的所有数据。

(7) db_datawriter,可以更改数据库内任何用户表中的所有数据。

(8) db_denydatareader,不能选择数据库内任何用户表中的任何数据。

(9) db_denydatawriter,不能更改数据库内任何用户表中的任何数据。

应用程序角色的提出是为了满足以下要求:

(1) 有时必须自定义安全控制以适应个别应用程序的特殊需要,尤其是当处理复杂数据库和含有大表的数据库时。

(2) 可能希望限制用户只能通过特定应用程序(例如使用 SQL 查询分析器或 Microsoft Excel)来访问数据或防止用户直接访问数据。

4) 登录账号、用户账号、角色三者联系

登录账号、用户账号、角色是 SQL Server 安全机制的基础。

(1) 每个登录账号在一个数据库中只能有一个用户账号,但是每个登录账号可以在不同的数据库中各有一个用户账号。

（2）数据库角色是和用户账号对应的,数据库角色和用户账号都是数据库对象,定义和删除的时候必须选择所属的数据库。一个数据库角色中可以有多个用户账号,一个用户账号也可以属于多个数据库角色。

7.3.2 权限管理

1) 权限种类

SQL Server 中的权限可以分为两种:对象权限、语句权限。

对象权限是指用户在数据库中执行与表、视图、存储过程等数据库对象有关的操作的权限。例如,是否可以查询表或视图,是否允许向表中插入记录或修改、删除记录,是否可以执行存储过程等。

对象权限的主要内容有:

（1）对表和视图,是否可以执行 SELECT、INSERT、UPDATE、DELETE 语句。

（2）对表和视图的列,是否可以执行 SELECT、UPDATE 语句的操作,以及在实施外键约束时作为 REFERENCES 参考的列。

（3）对存储过程,是否可以执行 EXECUTE。

语句权限是指用户创建数据库和数据库中对象(如表、视图、自定义函数、存储过程等)的权限。例如,如果用户想要在数据库中创建表,则应该向该用户授予 CREATE TABLE 语句权限。语句权限适用于语句自身,而不是针对数据库中的特定对象。

语句权限实际上是授予用户使用某些创建数据库对象的 Transact－SQL 语句的权力。只有系统管理员、安全管理员和数据库所有者才可以授予用户语句权限。

2) 用户继承角色的权限

数据库角色中可以包含许多用户,用户对数据库对象的存取权限也继承自该角色。假设用户 User1 属于角色 Role1,角色 Role1 已经取得对表 table1 的 SELECT 权限,则用户 User1 也自动取得对表 table1 的 SELECT 权限。如果 Role1 对 table1 没有 INSERT 权限,而 User1 取得了对表 table1 的 INSERT 权限,则 User1 最终也取得对表 table1 的 INSERT 权限。允许的权限继承关系如表 7-1 所示。

表 7-1　允许的权限继承

table1	SELECT	INSERT
public 的权限	没有设置	没有设置
Role1 的权限	取得该权限	没有设置
User1 的权限	没有设置	取得该权限
User1 的最终权限	取得该权限	取得该权限

而拒绝的权限是优先的,只要 Role1 和 User1 中的之一拒绝,则该权限就是拒绝的。拒绝的权限继承如表 7-2 所示。

表 7-2　拒绝的权限继承

table1	SELECT	INSERT
public 的权限	没有设置	没有设置
Role1 的权限	取得该权限	拒绝该权限
User1 的权限	拒绝该权限	取得该权限
User1 的最终权限	拒绝该权限	拒绝该权限

3）用户分属不同角色的权限

如果一个用户分属于不同的数据库角色，例如，用户 User1 既属于角色 Role1，又属于角色 Role2，则用户 User1 的权限基本上是以 Role1 和 Role2 的并集为准。但是只要有一个拒绝，则用户 User1 的权限就是拒绝。

7.3.3　备份与还原

任何一个数据库管理员应该认识到数据库中数据的重要性和备份它们的重要性。有了备份可以在服务器崩溃之后迅速有效地还原数据库的备份产品。除了灾难还原之外，下述原因是数据备份的理由：

（1）偶然地或恶意地修改或者删除数据。

（2）一些自然灾难，像火灾、水灾或者风暴。

（3）设备被盗或遭到破坏。

（4）从一台机器到另一台机器所进行的数据传输。

（5）永久的数据档案。

总之，对于 SQL Server 的管理者来说，有许多理由要进行数据备份，而其中最主要的原因就是从数据灾难中还原。数据备份工作关系到数据灾害发生后是否还会有工作。所以，备份是数据库还原中采用的基本技术。SQL Server 提供了备份整个数据库、事务日志、一个或者多个文件和文件组的 Transact-SQL 语句。

SQL Server 提供了三种还原模型，分别是：

（1）简单还原，允许将数据库还原到最新的备份。

（2）完全还原，允许将数据库还原到故障点状态。

（3）大容量日志记录还原，允许大容量日志记录操作。

这些模型中的每个都是针对不同的性能、磁盘和磁带空间以及保护数据丢失的需要。例如，当选择还原模型时，必须考虑下列业务要求之间的权衡：

（1）大规模操作的性能（如创建索引或大容量装载）。

（2）数据丢失表现（如已提交的事务丢失）。

（3）事务日志空间损耗。

（4）备份和还原过程的简化。

根据正在执行的操作，可以有多个适合的模型。选择了还原模型后，设计所需的备份和还原过程。三种还原模型的优点和含义的概述如表 7-3 所示。

表 7-3　还原模型之间的比较

还原模型	优　点	工作损失表现	能否还原到即时点
简单	允许高性能大容量复制操作 收回日志空间以使空间要求最小	必须重做自最新的数据库或差异备份后所发生的更改	可以还原到任何备份的结尾处。随后必须重做更改
完全	数据文件丢失或损坏不会导致工作损失 可以还原到任意即时点(例如应用程序或用户错误之前)	正常情况下没有 如果日志损坏,则必须重做自最新的日志备份后所发生的更改	可以还原到任何即时点
大容量 日志记录	允许高性能大容量复制操作。大容量操作使用最少的日志空间	如果日志损坏,或者自最新的日志备份后发生了大容量操作,则必须重做自上次备份后所做的更改。否则不丢失任何工作	可以还原到任何备份的结尾处。随后必须重做更改

简单还原所需的管理最少。在简单还原模型中,数据只能还原到最新的完整数据库备份或差异备份的状态。不使用事务日志备份,而使用最小事务日志空间。一旦不再需要日志空间从服务器故障中还原,日志空间便可重新使用。与完整模型或大容量日志记录模型相比,简单还原模型更容易管理,但如果数据文件损坏,则数据损失表现会更高。

完全还原和大容量日志记录还原模型为数据提供了最大的保护性。这些模型依靠事务日志提供完全的可还原性,并防止最大范围的故障情形所造成的工作损失。完全还原模型提供最大的灵活性,可将数据库还原到更早的即时点。

大容量日志记录模型为某些大规模操作(如创建索引或大容量复制)提供了更高的性能和更低的日志空间损耗。不过这将牺牲时点还原的某些灵活性。很多数据库都要经历大容量装载或索引创建的阶段,因此可能希望在大容量日志记录模型和完全还原模型之间进行切换。

SQL Server 支持单独使用一种备份方式或组合使用多种备份方式。选择的还原模型将决定总体备份策略,包括可以使用的备份类型。适用于每种还原模型的备份类型如表 7-4 所示。

表 7-4　支持每种还原模型的备份类型

模型	备份类型			
	数据库	数据库差异	事务日志	文件或文件差异
简单	必需	可选	不允许	不允许
完全	必需(或文件备份)	可选	必需	可选
大容量日志记录	必需(或文件备份)	可选	必需	可选

7.4 拓展训练

（1）创建一个登录账户 student，将其设置为 Windows 验证模式，并将其关联到数据库中。

（2）在数据库中自定义数据库用色并赋予一些操作权限。

（3）新建一个数据库，并对该数据库进行备份与还原操作。

7.5 练习题

一、单项选择题

1. "保护数据库，防止未经授权的或不合法的使用造成的数据泄露、更改破坏。"这是指数据的（　　）。

　　A. 安全性　　　　　　B. 完整性　　　　　　C. 并发控制　　　　　D. 恢复

2. 数据库管理系统通常提供授权功能来控制不同用户访问数据的权限，这主要是为了实现数据库的（　　）。

　　A. 可靠性　　　　　　B. 一致性　　　　　　C. 完整性　　　　　D. 安全性

3. 在数据库的安全性控制中，为了保护用户只能存取其有权存取的数据。在授权的定义中，数据对象的（　　），授权子系统就越灵活。

　　A. 范围越小　　　　　B. 范围越大　　　　　C. 约束越细致　　　　D. 范围越适中

4. 在数据库系统中，授权编译系统和合法性检查机制一起组成了（　　）子系统。

　　A. 安全性　　　　　　B. 完整性　　　　　　C. 并发控制　　　　　D. 恢复

5. 在数据系统中，对存取权限的定义称为（　　）。

　　A. 命令　　　　　　　B. 授权　　　　　　　C. 定义　　　　　　　D. 审计

6. SQL Server 中，为便于管理用户及权限，可以将一组具有相同权限的用户组织在一起，这一组具有相同权限的用户就称为（　　）。

　　A. 账户　　　　　　　B. 角色　　　　　　　C. 登录　　　　　　　D. SQL Server 用户

7. 数据安全性控制通常采取的措施有（　　）。

　　A. 鉴定用户身份　　　B. 设置口令　　　　　C. 控制用户存取权限　D. 数据加密

8. SQL Server 数据库系统中一般采用（　　）以及密码存储等技术进行安全控制。

　　A. 用户标识和鉴别　　B. 存取控制　　　　　C. 视图　　　　　　　D. 触发器

9. 下列有关登录账户、用户、角色三者的叙述中正确的是（　　）。

　　A. 登录账户是服务器级的，用户是数据库级的

　　B. 用户一定是登录账户，登录账户不一定是数据库用户

　　C. 角色是具有一定权限的用户组

　　D. 角色成员继承角色所拥有的访问权限

10. SQL Server 的安全性管理包括（　　）。

　　A. 数据库系统登录管理　　　　　　　　　　　B. 数据库用户管理

C. 数据库系统角色管理　　　　　　　　　D. 数据库访问权限的管理。

11. SQL Server 使用权限来加强系统的安全性,通常将权限分为(　　)。

A. 对象权限　　　　　B. 用户权限　　　　　C. 语句权限　　　　　D. 隐含权限

二、简答题

1. 为什么在 SQL Server 中设置备份与还原功能?

2. 还原分为哪几种类型?

3. SQL Server 的安全管理机制是什么?

4. 登录账号和用户账号的联系、区别是什么?

5. 什么是角色? 角色和用户有什么关系? 当一个用户被添加到某一角色中后,其权限发生怎样的变化?

6. 服务器角色分为哪几类? 各有哪些操作权限?

7. 如何给一个用户或数据库角色赋予操作权限?

附 录　图书管理系统数据库的构建

能够根据需求分析,设计系统的功能模块;

能够根据系统需求创建必要的数据表;

熟练掌握 SQL Server 数据库开发环境。

F.1　任务描述

(1) 设计系统功能模块。

(2) 数据库的设计和建立。

F.2　解决方案

F.2.1　设计系统功能模块

【操作解析】

图书管理系统是典型的信息管理系统。图书管理工作繁琐,借阅频繁,包含大量的信息数据,因此就需要一个完善的图书馆信息管理系统来实现对这些数据的有效管理。

· 用户方便进行图书查询、图书浏览和图书分类浏览,进行图书借阅并了解自己的借书情况和个人情况。

· 用户在借书超期的情况下得到来自管理员的提醒。

· 管理员可以方便地进行图书管理、用户管理、管理员管理。图书管理包括图书信息以及图书分类的添加,修改,删除。用户管理包括用户信息的添加、删除、修改和锁定(限制用户的正常使用功能,使其无法登录)。管理员管理包括管理员信息的添加、删除、修改等。

· 用户和管理员可以修改自己的密码,修改前需先核实自己的原始密码。

· 未注册用户(游客)也可以浏览所有的图书信息和分类信息,但是无法借阅。

· 实现模糊查询,使用户得到更多的相关记录。并且考虑使用的方便性,一些经常使用的输入无须用户输入,比如进行图书查询时图书分类只需用户做选择就可以。

· 考虑程序执行操作时可能出现的情况,比如删除图书分类时该分类下存在图书,程序自动跳转该分类图书查看。删除某个用户,如果存在借书记录则不允许删除,跳转到该用户的借书记录。等待管理员确认该用户所借图书已经全部归还之后才允许删除该用户信息。

【操作步骤】

根据分析,可以得出系统各功能模块:

1) 图书信息管理模块

(1) 图书信息编辑子模块:主要完成对图书馆内的所有图书信息进行添加图书、修改图书信息、删除图书信息等。当图书馆购进新书后需要对数据库中的图书表进行维护添加。当图书馆内的现有图书数量等发生了变化时需要对现有图书数据库中的信息进行修改和删除。

(2) 图书基本信息的查询子模块:图书馆中的书数以万计,图书藏在哪里、馆内现在该书的状态包括库存量和剩余量、图书的作者、出版社等信息是会员在借书时经常想知道的。传统的手工方法显然无法快速准确地获得这些信息,而通过计算机管理优势就十分明显,可以通过图书编号、书名、作者、出版社、类别等快速获得会员想了解的信息。比如,通过图书编号就可以知道该书大致藏在哪里。在不知道图书编号的时候可以通过书名或者作者,或者出版社、类别等快速查询出需要的图书相关的编号等信息。

(3) 图书基本信息报表子模块:计算机的优势在于快速准确地检索。但是检索的结果很多情况下需要不仅仅在电脑屏幕上,更多的时候是要打印报表。该模块完成对满足查询条件的图书基本信息的输出及打印。

2) 会员管理模块

(1) 会员信息编辑子模块:主要完成对在图书馆内的所有会员信息进行添加会员信息、修改会员信息、删除会员信息等。当新的会员申请加入时需要对数据库中的会员表进行维护添加。当现有会员基本信息比如联系方式等发生了变化时需要对现有会员数据库中的信息进行修改和删除。

(2) 会员基本信息的查询子模块:传统的会员管理停留在手工上,想了解我们的会员信息无法达到快速准确,甚至经常出现会员的资料丢失,这样的效率和管理混乱的局面应该结束了。由于图书借出后经常会出现图书超期现象,这样就需要管理员及时通知会员或者了解该会员信息。通过该系统来管理,优势就十分明显,可以通过借书证号快速获得管理员想了解的信息。因为借书时是严格对会员和借书的图书做了登记的,所以当出现借出的书超期没有归还时,管理员可以通过超期的借书证号进入本子模块就可以快速查询该会员的联系方式等信息。系统的查询包括单一查询和联合查询,联合的方式分为"和"、"或"。

(3) 会员基本信息报表子模块:该模块完成对满足查询条件的会员基本信息的输出和打印。

3) 图书借出信息模块

(1) 图书借出信息编辑子模块:每本图书被会员借出时系统都会记录该书的信息,便于管理员对整个馆内的图书有一个详尽的了解和信息的备份。该记录借书的信息包括图书编号、借书证号、借出日期、应归还日期、该书借出状态。其中这些信息除图书编号和借书证号外其他的信息不需管理员输入,计算机自动完成,借书日期记录当前日期,应归还的日期记录在当前日期情况下加上设定的最多外借时间比如 60 天后的日期。借出的状态设定为初值 1。当然,该子模块也可以完成对这些信息的修改和删除,来达到可以对该数据库信息进行有效性的维护。比如借书证号因粗心输入错误时就可以通过该模块来修改该记录信息。

（2）图书借出信息报表子模块：由于图书借出后有的图书经常超期以及需要了解图书借出的其他信息，所以就需要经常对图书的借书信息进行查询，系统的查询包括单一查询和联合查询，联合的方式分为"和"、"或"。查询的字段包括借书证号、图书编号、借出时间、应归还时间、图书借出状态等。对于满足查询条件的结果可以通过报表子模块实现打印。

4）图书归还管理信息模块

每本图书归还时，管理员需要了解该书是否出现借书时间超期等信息。想了解这些信息，首先需要对图书借出数据库进行查找该图书编号来获得该图书的相关借书信息。获得这些信息后，就可以将这些信息添加到图书归还管理数据库表中。当出现超期的情况时，图书管理员还需根据规定收取对该会员的罚金。添加的信息包括：归还的图书编号，该会员的借书证号，罚款金额，罚款日期，管理员姓名。这些信息除管理员姓名是管理员输入的外，其他信息都是该子模块自动完成的。在对归还数据库作添加归还的图书信息外，同时该子模块还完成对图书基本信息数据库中的该书的剩余量加 1 的操作，以及对图书借出数据库中的该图书的借出状态修改值为 0，以标识该书已经归还。

F.2.2 数据库的设计及建立

【操作解析】

根据前面设计的系统功能模块结构，在本任务中要设计若干个数据表，要求尽量减少数据冗余。

【操作步骤】

1）读者类别表

表 F-1 读者类别表结构

字段名称	数据类型	字段大小	说明	索引	是否为空
读者类别	文本	20	读者类别	Primary Key	NO
种类名称	文本	50	种类名称		NO
借书数量	数字	长整型	借书数量		YES
借书期限	数字	长整型	借书期限		YES
有效期限	数字	长整型	有效期限		YES

2）读者信息表

表 F-2 读者信息表结构

字段名称	数据类型	字段大小	说明	索引	是否为空
读者编号	文本	20	读者编号	Primary Key	NO
读者姓名	文本	20	读者姓名		NO
性别	文本	10	性别		YES

续表 F-2

字段名称	数据类型	字段大小	说明	索引	是否为空
读者类别	文本	20	读者类别	Foreign Key	NO
工作单位	文本	50	工作单位		YES
家庭地址	文本	50	家庭地址		YES
电话号码	文本	15	电话号码		YES
登记日期	日期/时间	12	登记日期		YES
已借书数量	数字	长整型	已借书数量		YES

3) 借阅信息表

表 F-3　借阅信息表结构

字段名称	数据类型	字段大小	说明	索引	是否为空
借阅编号	自动编号	长整型	借阅编号	Primary Key	NO
读者编号	文本	20	读者编号	Foreign Key	NO
读者姓名	文本	20	读者姓名		NO
书籍编号	文本	20	书籍编号	Foreign Key	NO
书籍名称	文本	50	书籍名称		NO
出借日期	日期/时间	10	出借日期		NO
还书日期	日期/时间	10	还书日期		NO

4) 书籍信息表

表 F-4　书籍信息表结构

字段名称	数据类型	字段大小	说明	索引	是否为空
书籍编号	自动编号	长整型	书籍编号	Primary Key	NO
书名	文本	20	书名		NO
类别	文本	20	类别	Foreign Key	NO
作者	文本	20	作者		YES
出版社	文本	50	出版社		YES
出版日期	日期/时间	10	出版日期		YES
登记日期	日期/时间	10	登记日期		YES
是否被借出	文本		是否被借出		NO

5）图书类别表

表 F-5　图书类别表结构

字段名称	数据类型	字段大小	说明	索引	是否为空
类别名称	文本	20	类别名称		YES
类别编号	文本	20	类别编号	Primary Key	NO

6）系统管理表

表 F-6　系统管理表结构

字段名称	数据类型	字段大小	说明	索引	是否为空
用户名	文本	20	用户名	Primary Key	NO
密码	文本	20	密码		NO
权限	文本	20	权限		NO

F.3　必备知识

系统设计的好坏在根本上决定了软件系统的优劣，所以在开发软件的时候，一定要注意以下几点：

1）合适性

系统设计的源头是需求，这是由商业目标决定的。高水平的设计师高就高在"设计出恰好满足客户需求的软件，并且使开发方和客户方"获取最大的利益，而不是不惜代价设计出最先进的软件。

评估体系结构好不好的第一个指标就是"合适性"，即体系结构是否符合适合于软件的"功能性需求"和"非功能性需求"。人们一般不会在需求文档中指定软件的体系结构，需求与体系结构之间并没有一一对应的关系，甚至没有明显的对应关系。所以设计师可以充分发挥主观能动性，根据需求的特征，通过推理和归纳的方法设计出合适的体系结构。经验不丰富的设计师往往把注意力集中在"功能性需求"而疏忽了"非功能性需求"，殊不知后者恰恰是最能体现设计水平的地方。

对于软件系统而言，能够满足需求的设计方案可能有很多种，究竟该选择哪一种呢？这时商业目标是决策依据，即选择能够为开发方和客户方带来最大利益的那个方案。大部分开发人员天生有使用新技术的倾向，而这种倾向对开发商业产品而言可能是不利的，切记切记！

2）结构稳定性

体系结构是系统设计的第一要素，详细设计阶段的工作如用户界面设计、数据库设计、模块设计、数据结构设计等等，都是在体系结构确定之后开展的，而编程和测试是最后面的工作。如果体系结构经常变动,那么建筑在体系结构之上的用户界面、数据库、模块、数据结构等也跟着经常变动,用"树倒猢狲散"来比喻很恰当,这将导致项目发生混乱。

所以体系结构一旦设计完成,应当在一定的时间内保持稳定不变,只有这样才能使后续工作顺利开展。

前面讲了,体系结构是依据需求而设计的。如果需求变更了,很有可能导致体系结构发生变更,那么"保持结构稳定"岂不是成了空想?

3) 可扩展性

可扩展性是指软件扩展新功能的容易程度。可扩展越好,表示软件适应"变化"的能力越强。由于软件是"软"的,那么是否所有的软件必须设计能扩展新功能呢? 这要视软件的规模和复杂性而定。

如果软件规模很小,问题很简单,那么扩展功能的确比较容易。如果软件的代码只有100 行,这时就无所谓"可扩展性"了,你想怎么扩展都可以。如果软件规模很大,问题很复杂,倘若软件的可扩展性不好,那么该软件就像用卡片造成的房子,抽出或者塞进去一张卡片都有可能使房子倒塌。

可扩展性越来越重要,社会的商业越来越发达,需求变化就越快。需求变化必将导致修改(或扩展)软件的功能,如果软件的扩展性比较差的话,那么修改(或扩展)功能的代价会很高。

现代软件产品通常采用"增量开发模式",开发商不断地推出软件产品的新版本,从而不断地获取增值利润。如果软件的可扩展性比较差的话,每次开发新版本的代价就会很高。体系结构的稳定性是根据那些稳定不变的需求而设计的,体系结构的可扩展性则是依据那些可变的需求而设计的。从字面上看,稳定性和可扩展性似乎有点矛盾,两者之间存在辩证的关系:如果系统不可扩展的话,那么就没有发展前途,所以不能只关心稳定性而忽视可扩展性;而软件系统"可扩展"的前提条件是"保持结构稳定",否则软件难以按计划开发出来,稳定性是使系统能够持续发展的基础,所以稳定性和扩展性都是体系结构设计的要素。

4) 可复用性

复用是指"重复利用已经存在的东西"。复用不是人类懒惰的表现,而是智慧的表现,因为人类总是在继承了前人的成果,不断加以利用、改进或创新后才会进步。

复用有利于提高产品的质量、提高生产效率和降低成本。由经验可知,通常在一个新系统中,大部分的内容是成熟的,只有小部分内容是创新的。一般来说,可以相信成熟的东西总是比较可靠的(即具有高质量),而大量成熟的工作可以通过复用来快速实现(即具有高生产效率)。勤劳并且聪明的人们应该把大部分的时间用在小比例的创新工作上,而把小部分的时间用在大比例的成熟工作中,这样才能把工作做得又快又好。

企业成功地开发了某个软件产品之后,如果下个新产品能够复用上个产品的体系结构的话,那么新产品的系统设计的成本和风险将大大降低。

可复用性是设计出来的,而不是偶然碰到的。要使体系结构具有良好的可复用性,设计师应当分析应用域的共性问题,然后设计出一种通用的体系结构模式,这样的体系结构才可以被复用。

F.4　拓展训练

　　可根据自己熟悉的信息自选一个小型的数据库应用项目,进行系统分析和数据库设计。例如选择学生成绩管理系统、选修课管理系统等。